作者简介

  崔丽娟 华东师范大学心理与认知科学学院应用心理学系教授、博士生导师，教育部"新世纪优秀人才支持计划"获得者，《心理科学》、*Journal of Community and Applied Social Psychology* 杂志编委。曾任华东师范大学教育科学学院副院长、应用心理学系系主任；现任中国社会心理学会副会长、中国心理学会社会心理学分会会长、上海市社会心理学会会长。在海内外发表心理学学术论文近九十篇，出版心理学书籍四十多本，其中《心理学是什么》一书获首届教育部人文社会科学普及奖、第八届全国优秀青年读物一等奖、第六届国家图书奖提名奖等众多奖项。

写给中学生的心理学

（第二版）

崔丽娟 著

图书在版编目(CIP)数据

写给中学生的心理学/崔丽娟著. —2版. —北京:北京大学出版社,2020.10
(未名·中学生学科基础读物丛书)
ISBN 978-7-301-31692-4

Ⅰ. ①写… Ⅱ. ①崔… Ⅲ. ①心理学—青少年读物 Ⅳ. ①B84-49

中国版本图书馆CIP数据核字(2020)第188132号

书　　　名	写给中学生的心理学(第二版) XIEGEI ZHONGXUESHENG DE XINLIXUE(DI-ER BAN)
著作责任者	崔丽娟　著
策 划 编 辑	杨书澜
责 任 编 辑	闵艳芸
标 准 书 号	ISBN 978-7-301-31692-4
出 版 发 行	北京大学出版社
地　　　址	北京市海淀区成府路205号　100871
网　　　址	http://www.pup.cn　新浪微博:@北京大学出版社
电 子 信 箱	minyanyun@163.com
电　　　话	邮购部 010-62752015　发行部 010-62750672　编辑部 010-62750673
印 刷 者	北京溢漾印刷有限公司
经 销 者	新华书店
	720毫米×1020毫米　16开本　11.75印张　183千字 2010年9月第1版 2020年10月第2版　2025年6月第11次印刷
定　　　价	39.00元

未经许可,不得以任何方式复制或抄袭本书之部分或全部内容。
版权所有,侵权必究
举报电话:010-62752024　电子信箱:fd@pup.pku.edu.cn
图书如有印装质量问题,请与出版部联系,电话:010-62756370

前　言

作为一名心理学工作者，每每向别人介绍自己的专业时，迎来的大多是好奇的眼神，我们深知，这是他们对心理学的期待，也是对心理学这门学科的关注。

然而，这些好奇的背后通常伴随着误解和误读。这一方面当然是因为学科发展的特点，因为在心理学的历史演变中，多次都是旧瓶装入新酒的形式，名称未变，内容全新，当你从不同的时代切入点来关注心理学往往就获得不一样的诠释。

另一方面的原因就更容易理解。因为每个人都是从自己的需要出发来关注心理学，当你有兴趣去了解未知的知识时，必然带着自己的好奇和疑问，当然这里面最大的好奇就是"我"，我到底是怎样的人，我的过去说明了什么，我的未来又会怎样，特别是对于正在经历美好青春的你来说，了解自己永远是最为迫切的，而了解的方式似乎也是一个挺神秘的话题。的确，心理学中的某些知识能够满足你对自己的好奇，它的方式方法某种程度上确实也显得很神秘，然而这些并不是心理学的全部，甚至有些习俗意义上的理解并不属于心理学的范畴。心理学工作者不是算命先生、不能预知未来、不会读心术，也不是每个心理学家都懂得催眠……听了也许会让你失望，但有些光环的产生确实不是一个心理学工作者希望看到的。也是基于如此初衷，《心理学是什么》得以产生。

这本《写给中学生的心理学》，在采择了《心理学是什么》的心理学基本知识点的基础上，添加了有趣的心理学案例与故事，帮助大家从心理学的视角

解读生活,理解社会。虽然正如本书第一章所澄清的,心理学不是这样或那样的,但相信客观而专业的心理学知识同样还是有足够的吸引力让你获得阅读的快乐。

在阅读本书的过程中,你可以把它当做一个科普读本,也可以当做一次课外实践。在实践的过程中,有一位叫小卡的同龄人和你为伴,还有一位牛博士给你指引。我们的实践一共分为三个部分:

第一部分即第一篇,向你澄清了心理学的基础知识点,里面或许有你对心理学的误解和你想知道的,也有小卡对心理学的误解和他想知道的,当然还有其他同学对心理学的误解和想知道的,该篇包括了第一、二、三、四章;

第二部分即第二篇,从理解一名学生的日常生活出发,带你发现藏在学校和家庭中以及你自己身上的心理学,学习从心理学的视角理解生活,诠释社会,该篇包括第五、六、七章;

第三部分即第三篇,我们带作为社会大众一员的你,领略一下社会生活中无处不在的心理学,和无处不被心理学的神奇笼罩的社会生活,你会知道眼见不一定为实,记得不一定为真,该篇包括第八、九、十章。

相信在这么丰富的实践之后,你应该也可以算是一个小小的心理学者了。

要特别感谢北京大学出版社的杨书澜女士和闵艳芸女士,该书的写作与出版,都得益于她们的支持与督促。

愿更多的学子踏入心理学的殿堂,光耀心理学这门学科!

崔丽娟

2020.6 于丽娃河畔

目录

第一篇 千姿百态心理学——走进心理学

第一章 我们眼中的心理学——心理学是什么 / 3
大众眼中的心理学 / 3
心理学知识≠一般常识 / 8
心理学不是靠拍脑袋得出结论 / 11
丰富多彩的心理学研究 / 13

第二章 多彩的世界——感觉 / 16
世界因你而精彩——感觉及其意义 / 17
带来最大信息量的感觉:视觉 / 21
让世界不再寂静:听觉 / 26
最古老的感觉:味觉与嗅觉 / 29
最不受欢迎的感觉:痛觉 / 31

第三章 源于感觉,高于感觉——知觉 / 34
什么是知觉? / 35
知觉与感觉:区别与联系 / 35
我们眼中的立体世界——空间知觉的线索 / 36
知觉是否有章可循? / 38
别让错觉欺骗你 / 43

第四章　如影随形——记忆与遗忘 / 48
　　记忆的获得与转换——从短时记忆到长时记忆 / 49
　　艾宾浩斯遗忘曲线 / 55
　　人为什么会遗忘 / 59
　　遗忘也是有规律可循的 / 63
　　有趣的记忆现象 / 67

第二篇　从家庭到学校——成长中的心理学

第五章　教师手中点石成金的心理学 / 75
　　教室墙上的小红花——强化效应 / 76
　　说你行，你就行——教师的期望效应 / 78
　　悄悄改变你——暗示的作用 / 80
　　向榜样学习——模仿的力量 / 82
　　一点点来——登门槛效应 / 84
　　教导需有度——超限效应 / 86
　　小组学习的智慧——社会促进与社会懈怠 / 88

第六章　成长中的爱恨情仇 / 91
　　成功与失败——归因的自利性偏差 / 92
　　从失望到绝望到最终放弃——习得性无助 / 94
　　追星族的信念——名人效应 / 97
　　虚拟和现实中的ta——网络交流的偏差 / 99
　　在家在校判若两人——角色效应 / 102
　　拒绝心理疤痕——自我概念的形成 / 104
　　叛逆的青春期——青春期心理特点 / 106

第七章　家庭教育中的心理学 / 108
　　孟母三迁——社会影响 / 109
　　社会教化下的博弈——服从 / 111
　　别让孩子成为暴君——观察学习 / 113

胡萝卜加大棒——行为矫正技术 / 115
以优势带劣势——配套效应 / 117
青春期的异性情谊——罗密欧与朱丽叶效应 / 119
挥之不去的紧张感——蔡加尼克效应 / 121

第三篇　心理万花筒——生活中的心理学

第八章　人际交往中的心理学 / 127
印象形成的信息加工——平均模式与累加模式 / 128
百功难抵一过——黑票作用 / 130
第一印象先入为主——首因效应与近因效应 / 132
情人眼里出西施——光环效应 / 135
改变命运的黄金支点——热情的中心性品质 / 137
投桃报李——人际吸引的相互性原则 / 140
完美的人不一定更招人喜欢——能力 / 142
远亲不如近邻——人际吸引的接近性原则 / 144
同声相应——人际吸引的相似性原则 / 146
让你的印象价值百万——印象管理 / 147

第九章　生活处处有心理学 / 149
他人在场让我们变得冷漠——旁观者效应 / 150
盲目随大流凑热闹——从众 / 153
不威小，不惩大——破窗效应 / 156
想当然的自动加工——刻板印象 / 158

第十章　无处不被心理学 / 161
广告渗透你的生活——广告心理学 / 162
音乐风格影响消费行为——音乐心理学 / 164
到处以"9"结尾的标价——消费心理学 / 166
为什么证词不一定可靠——记忆偏差 / 169
拷贝会走样——流言 / 171

策划人语 / 174

第一篇　千姿百态心理学
——走进心理学

在开始心理学的奇妙旅程之前,允许我花点时间向你介绍两位旅伴:

小卡:

初二新生,在即将到来的新学期,打算开始新鲜的心理学学习,和你一样,他也有满腹的好奇和疑问,幸运的是,每次的十万个为什么,他都能找到牛博士探讨。

牛博士:

小卡的心理学老师,虽说是博士,年纪也仅大小卡一轮,面对小卡的万千问题也颇感兴趣,回答起来还稍有太极架势。

:在踏出我们心理学之旅第一步之前,且让读者和我先做个小游戏吧。拿出一张白纸,先在纸片中间写上"心理学"三个字,然后以其为中心,画五根辐射线(如下图),在每一根线的末端写上你能想到的与心理学有联系的任何内容,可以是一个小问题,也可以是人或物品,写完了吗?好,我们先把它放在一边,让我们在本篇结尾再来看看你的答案吧。

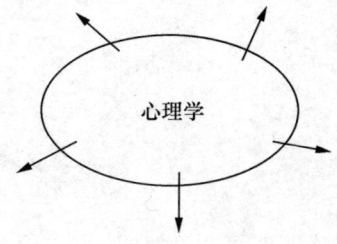

第一章
我们眼中的心理学——心理学是什么

➢ 大众眼中的心理学

　　开学的第一节心理课,小卡就给看上去不那么起眼的牛博士扔出了颇具火药味的话题。

:牛博士,心理学是什么呀,你能用一句话概括吗?

:问得好。对于什么是心理学,相信同学们都有自己的看法。为了更好地让同学们了解心理学,我想先听听大家是怎么看待心理学的。大家可以尽情发言。

小A:心理学家总能知道你在想什么

:嗯,这个问题我已经不是第一次碰到了。其实大多数心理学学者都有过这样的经历:当周围的人得知了他们的专业,会马上好奇地发问"你是学心理学的?那么你说说我正在想什么……"人们总是以为心理学家应该能透视眼前人的内心活动,和算命先生差不多。他们认为,你不是研究人的心理吗?研究心理不就是去揣摩别人的所思所想吗?

正解:其实心理活动并不只是人在某种情境下的所思所想,它具有广泛的含义,包括人的感觉、知觉、记忆、思维、情绪和意志等。心理学家的工作就是要探索这些心理活动的规律,即它们如何产生、怎样发展、受哪些因素影响以及相互间有什么联系等。例如,当你的同伴在你面前坐立不安、手心出汗,你能够推断

出他正有烦心事,但在没有任何评估和测验的情况下,心理学家也不可能知道到底他在烦恼什么。心理学家通常是根据人的外显行为和情绪表现等来研究人的心理,也许他们可以根据你的外在特征或测验结果来推测你的内心世界,但再高明的心理学家也不可能具有所谓的"知心术"——一眼就能看穿你的内心,除非他有超感知能力(ESP),关于这个能力,我们后面再谈。

小贴士

心 理 学

在英文中,表示心理学的单词 **psychology** 是由希腊文中的 psyche 与 logos 两字演变而成;前者意指"灵魂",后者意指"讲述",合起来就是:心理学是阐述心灵的学问。现代心理学对其定义作了更详细的解释,认为心理学就是对行为和心理历程的科学研究,即达到"内外兼顾"的目的。

聊一聊

"心理学"一词最早是怎样出现的?

心理学最早的历史可以追溯到古希腊时代,但心理学作为一个专门的术语却是在 1502 年才出现的。在这一年,有一个叫马如利克的塞尔维亚人首次以 psychologia 这个词为主题发表了一篇讲述大众心理的文章。这是心理学一词的 debut(首次亮相)。之后 70 年,另一位名叫歌克的德国人又以此词为主

题出版了《人性的提高,这就是心理学》一书。这是人类历史上最早以心理学这一术语为主题出版的书。

小B:心理学就是心理咨询

:现在,心理咨询作为一个新兴的行业日渐火热,各种形式的心理咨询中心、心理门诊、心理咨询热线等不断涌现,通过不同的渠道冲击着人们的视听。很多人听到的第一个与心理学有关的名词就是心理咨询,并把它当作了心理学的代名词。此外,人们关注一门学科,更容易从实际应用的角度去认识它。心理学最为广泛的应用就是心理咨询或心理治疗,所以它更为大家所熟知,因此很多人会把心理咨询与心理学等同起来。

正解:心理咨询只是心理学的一个应用分支。咨询心理学家的工作对象可以是一个人、一对夫妇、一个家庭或一个团体。心理咨询的目的是为了帮助人们应对生活中的困扰,使其更好地发展,增加生活的幸福感。一般来说,心理咨询是面向正常人的,来访者虽有心理困扰,但没有出现严重的心理偏差。如果是严重的精神疾病,就要由临床心理学家或精神病学家来处理。

随着生活节奏的加快和竞争压力的加大,出现心理困扰的人越来越多,对心理咨询的需求也越来越大。然而,很多人从事这项工作可能是为了获取经济利益,缺乏必要的专业学习与技能培训,再加上国内行业规范还在完善中,使得目前心理咨询从业人员良莠不齐。这种现象造成了一些人对心理学的失望,对此我们也很担忧。

小C:心理学家只研究变态的人

:很多人都说他们走进心理咨询室是需要很大勇气的,可能还有过思想斗争:"去还是不去?人家会不会认为我是精神病?朋友知道了会怎么看我?……"这在一定程度上反映了很多人对心理学的看法:去心理咨询的人都是"心理有问题"的人,心理有问题就是不正常、变态;心理学家只研究变态的人,所以与心理学有干系的非专业人士都不正常。

之所以会有这样的看法,一方面和我们的文化传统有关,中国人比较内敛,有了心理困扰倾向于自己调节,如果放在了台面上,就会被认为是很严重的精神问题;另一方面,为了满足人们猎奇的心理,媒体在表现与心理学有关的题材时喜欢选择变态心理,认为这样更具有炒作价值。很多人是从电视、电影、报纸和杂志上认识心理学的,这很容易形成片面的误解,认为心理学只关注变态的人。尤其是好莱坞和日本的所谓"心理电影",对此要负很大责任,《精神变态者》《发条橙》《沉默的羔羊》《本能》《催眠》等,为观众展现了光怪陆离的心理世界,也为心理学打上了带有偏见的烙印。

心理学家真的就是带着放大镜看人吗?

正解:大多数心理学研究都是关于正常人的。有些人把心理学家和**精神病学家**混淆了。精神病学是医学的一个分支,精神病学家主要从事精神疾病和心理问题的治疗,他们的工作对象是所谓"变态"的人,即心理失常的人。精神科医生和其他医生一样,在治疗精神疾病时可以使用药物,他们必须接受医学与心理学的专业训练。与精神病学家不同,心理学家关心所有的人,虽然临床心理学家也关注病人,但他们没有权力使用药物。除此之外,大多数心理学家研究的都是正常人的心理现象,如儿童认知的发展、性别差异、智力、老年人心理、跨文化的比较、人机界面等等。

小D:心理学家会催眠

:不错,同学们的观点越来越深入到心理学的专业领域了。

在我们的生活中,越是神秘的东西,越能让人感兴趣。在很多人眼中,催眠术是一种很玄妙的技术。而知道催眠术的人,又往往把它和心理学家的工作联系起来。之所以有这样的看法,一是因为弗洛伊德的知名度,在一些人看来,弗洛伊德就是心理学家的典型代表,既然他使用催眠术,那么心理学家就是会催眠的;二是和几部深有影响的"心理电影"有关,如日本恐怖片《催眠》。这部影片夸大甚至是歪曲了催眠术的作用,纯粹是

人们对催眠的诸多误解,为心理学又增添了一层神秘色彩

第一章 我们眼中的心理学——心理学是什么

为了商业的炒作,和心理学家所使用的催眠术相去甚远。

正解:催眠术只是精神分析心理学家在心理治疗中使用的一种方法,并非心理学家的"招牌本领",而且很多心理学家并不相信催眠术,他们更喜欢严谨的科学研究方法,如实验和行为观察。

:心理学就是梦的分析

:这种误会同样是弗洛伊德的影响所致。很多人认为,弗洛伊德的理论中,最吸引人的内容就是释梦。这也不足为怪,因为人总是对自己和别人内心深处的秘密有一种顽固的好奇心,而梦似乎是透视内心风景的一扇窗户。许多人因此把弗洛伊德的理论等同于梦的分析,又因为弗洛伊德的"代表性"而进一步使之成为心理学的代名词。

正解:梦的分析只是精神分析流派所使用的治疗技术之一,是心理学工具箱里的一个起子。有关梦的分析的内容,我们在接下来的课堂中会有比较详细的阐述。

从某种意义上讲,我们每一个人都是业余心理学家(folk psychologist)。四岁的宝宝已经能揣度别人的心思了,他知道怎样把玩具藏起来让其他小朋友找不到,还会提供错误的线索去误导小朋友;小孩子会从妈妈的神情和语气上判断她在生气,所以乖乖地不敢胡闹,等妈妈高兴时,又会趁机提出要求;父母知道怎样运用奖励和处罚来帮助孩子纠正不良行为、养成良好的习惯……这些都建立在对他人心理进行洞察和推论的基础上,也就是说每个人都能对他人在日常生活中的所感、所思和所为进行预测。这也正是心理学家想要努力说明的问题中的一部分。

尽管每个人都是业余的心理学家,但"心理学"作为一门古老而又年轻的科学,常常被冠以"玄""神秘""不可信"甚至是"伪科学"的名头。如果问非专业的人士什么是心理学,可能会得到各种不同的答案,其中不乏上述这些偏见和误解。

聊一聊

催 眠 术

催眠术发源于18世纪的麦斯麦术。19世纪时的英国医生布雷德研究出令患者凝视发光物体而诱导其进入催眠状态的方法,并认为麦斯麦术所引起的昏睡是神经性睡眠,故另创了"催眠术"一词。但催眠的本质至今尚未明了。催眠术的方法很多,大多是要求人彻底放松,把注意力固定在某个小东西上,如晃动的钟摆和闪烁的灯光,然后诱导其进入催眠状态。人在催眠状态下会按照治疗师的暗示行事,操作不当会有不良后果,所以要由经验丰富的催眠治疗师来进行。催眠术在国外的一个应用是帮助审讯罪犯,使罪犯在催眠状态下不由自主地坦白犯罪情况。但现在很多司法心理学家反对这样做,认为催眠状态下的审讯对被告人有诱导之嫌,被告很可能会按照催眠师的暗示给出催眠师所"期待"的回答。

:好像我就是这么想的。

小卡有点小尴尬,转念一想,有点小赌气地连炮发问:

:牛博士,既然你说心理学不是这样也不是那样,那么到底心理学是什么?心理学到底包含了哪些知识?心理学家都在做什么?

:安抚地看看小卡,说:不急,我这就告诉你。

➢ 心理学知识≠一般常识

一些人对心理学家所做的事情不屑一顾,认为他们花很长时间而得到的研究结果多是一些人尽皆知的常识。这样的评价是不公平的。心理学知识

第一章 我们眼中的心理学——心理学是什么

不是一般的常识,心理学所研究的范围远远超出了一般常识所能覆盖的领域。请看,下面是我们从《心理学与你》一书中摘录的几个"常识性"问题,你不妨试着回答一下,看看你的常识判断与心理学家的回答是否有区别。

◆ 做梦用多长时间?

在莎士比亚的《仲夏夜之梦》里,莱桑德尔说真正的爱情是"简单"又"短暂"的,像做梦一样。梦真的是来去一瞬间吗?
你认为做一个梦所用的时间是:

1)一秒钟的几分之一;
2)几秒钟;
3)一两分钟;
4)若干分钟;
5)几个小时。

老人进入梦境回到童年

你隔多长时间做一次梦?

1)难得或从不做梦;
2)大约每隔几夜一次;
3)大约每夜一次;
4)每夜做好几次。

◆ 牛奶一样多吗?

五岁的瑶瑶看到妈妈在厨房里忙,便走了进去。在厨房的桌子上放着完全相同的两瓶牛奶。她看到妈妈打开其中一瓶,把里面的牛奶倒进一个大玻璃坛子里。她的眼睛滴溜溜地转,目光从另一只仍装满牛奶的瓶子转回到坛子。这时妈妈突然记起她在一本心理学读物上读到的内容,便问:"瑶瑶,是瓶子里的牛奶多呢,还是坛子里的牛奶多?"瑶瑶的可能回答是:

1)瓶子里的多;
2)坛子里的多;

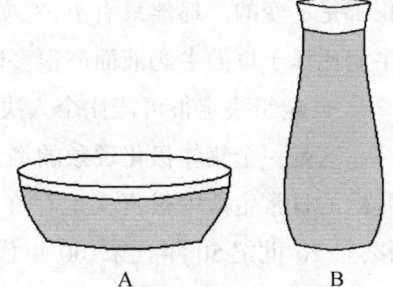

A   B

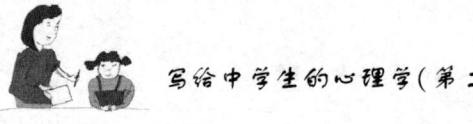

3) 一样多。

◆ **哪一种决定风险大?**

一帮朋友准备积一些钱作为共同资金在赛马会上下注。在每次比赛前他们都分别写出关于下注的意见。然后集中商讨,全组作出决定。在每项赛事上,最慎重的决定是一点赌金也不押,较为冒险的决定是在最有可能获胜的马上押少量的赌金,而非常冒险的决定是在不大可能获胜的马上押大量的赌金。与个人意见的平均情况相比,全组的决定可能:

1) 更慎重;
2) 更冒险;
3) 既不更慎重也不更冒险。

下面让我们听听**心理学家的回答**:

◆ 做一个梦要用若干分钟,而且每个人每天夜里都会做好几次梦。

你可能觉得自己没做什么梦或梦没那么多,这是因为你忘了做过的梦或只记住了醒来之前的那个梦里的片段情景。研究梦的心理学家把微小的电极贴在正在睡觉的人的头上,记录的脑电波可以揭示出人们睡梦期间脑电活动的特有模式。做梦与这种脑电波是同时发生的(睡觉的人在出现这种脑电活动时被叫醒,报告说他们正在做梦),并伴有闭合眼睑下的快速眼动。在梦中发生的事情似乎和醒着时生活里发生的同样事情持续相等的时间,种种研究表明,做梦具有普遍性。

◆ 瑶瑶很可能会认为瓶子里的牛奶比坛子里的多。

一般来讲,七岁左右的小朋友才能明白同一瓶液体不管倒到什么地方体积都是不变的。瑶瑶只有五岁,如果她只是一般的小孩,当她看见瓶子里的牛奶比坛子里的牛奶液面高很多时,她会认为是瓶子里的牛奶较多。

◆ 全组决定很可能比个人决定的平均情况更冒险一些。

这是一个**集体极化现象**的例子。虽然这种现象很难被注意到,但是它在我们的日常生活中很真实地存在着。集体极化的一种特殊实例叫做冒险转移,是20世纪50年代末、60年代初由两位心理学家分别发现的。两位研究者使用的方法很不相同,但都显示全组决定一般比个人决定更冒险。对此有两种解释:一种是说在全组讨论中,大多数组员会发现其他人的决定比自己

的决定更冒险。因为一般人赞赏冒险精神，这时比较慎重的人就会改变自己的决定。另一种解释是说比较冒险的意见在小组讨论当中更容易被提出来，其他的人此时更容易被说服。

:牛博士顿了顿，看看略显安静的小卡，他正微抬着头，似乎思考着什么。牛博士微微一笑，继续道：

➢ 心理学不是靠拍脑袋得出结论

一名合格的心理学工作者必须经过严格的专业训练。一个心理学结论从出现到被接受，必须有严谨的研究方法的支撑，还要受到各种检验和质疑。心理学的研究方法都是可重复的，一般认为，一项研究如果能够重复并重现早期研究结果的话，那么就有理由相信，这两次结果的出现并非偶然。下面介绍心理学常用的几种研究方法。

观察法

由研究者观察和记录个人或团体的行为，来分析判断两个或多个变量之间的关系的方法，称为观察法。例如，将幼儿与同伴玩耍时的情景拍摄下来，对不同行为进行编码，来分析是不是男孩在游戏中的攻击性行为要多于女孩。观察法获得的观察资料真实自然，在社会心理学领域运用较广泛。

调查法

是以所要研究的对象为主题，预先设计好问题，让受调查者自由表达其态度或意见的一种研究方法。调查法可采用两种方式进行：**问卷法**和**访问法**。问卷法可以经由邮寄、电邮的方式进行，同一时间可以调查很多人；访问法只能在面对面的方式下进行，由访问员根据接受访问者对问题的反应随时代答或记录。例如，研究"初中学生的偶像崇拜特点"时，研究者就会针对中学生发放问卷,获取他们偶像崇拜的相关信息。

实验法

指在有控制的情境之下,实验者系统地操纵一些因素,使之发生改变,然后观察研究对象因为这些改变而受到的影响,也就是探究两者之间的因果关系。例如,**要研究"某种玩具(拼图)对儿童智力水平的影响"**,拼图就是被操纵的因素,在心理学中我们称之为自变量,儿童智力水平就是希望获得的观测结果,我们称之为因变量。

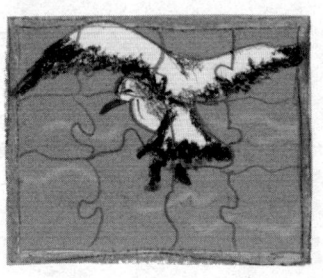

聊一聊

第一个有记载的心理学实验

人类历史上第一个有记载的心理学实验是在公元前 7 世纪做的。古埃及有一个名叫 Psamtik 一世的国王,他为了证明埃及人是世界上最古老的民族,将两个出生不久的婴儿带到一个遥远的地方隔离起来,每天让人供应他们食物和水,却不许与他们讲话。国王设想,这两个与世隔绝的孩子发出的第一个音节,一定是人类祖先的语言了。他希望这个音节是埃及语中的一个词。待孩子两岁时,他们终于发出了第一个音节 becos。可惜,埃及语中没有这个发音。于是,这位国王伤心地发现,埃及人不是人类最古老的民族。国王把小孩子的偶然发音当作人类最古老的语言,这不但使他大失所望,也使心理学的第一个实验"出师不利"。

个案研究法

是以个人或一个团体(如一个家庭、一个公司)为研究对象的一种方法。例如,我们以某个网络成瘾的 12 岁儿童为研究对象,不仅要研究他当前网络成瘾的程度、日常行为表现、网络行为,内心对网络的想法,更要关注他如何进入网络社会、如何沉迷于其中的过程,当然关注这些也就少不了要了解他的家庭、学校环境,和同学的相处、学习成绩,特别是从他刚接触网络到沉迷

网络的过程中,发生在他身上对他影响较大的事件等。进行个案研究时,多半要追溯个案的背景资料,了解其生活经历,所以这个方法又称**个案历史法**。

➤ 丰富多彩的心理学研究

:经过前面的介绍,小卡同学,你应该对心理学有了初步的了解吧。再理一下你关于心理学的问题,如果要你列一个清单出来,你一定很想知道每一个问题该由心理学哪个分支领域的学者为你答疑解惑吧。列好你的问题,我来告诉你哪个领域的心理学专家可能解答你的这些疑问。

小卡的问题	谁来回答这个问题
如何教会一条狗听自己的命令?	实验心理学家 行为分析家
为什么人和人之间有这么多的不同点?	人格心理学家 行为遗传学家
记忆是如何储存在大脑中的?	生物心理学家 精神药理学家
为什么不能总是回忆起我确信自己知道的信息?	认知心理学家 认知科学家
老师应该如何对待捣乱的学生?	教育心理学家 学校心理学家
婴儿小的时候对于这个世界都知道些什么?	发展心理学家
人们如何更好地处理日常遇到的问题?	临床心理学家 咨询心理学家 心理治疗师
我们为什么会受周围的人影响?	社会心理学家
为什么我的工作令我感觉如此无聊?	管理心理学家 工业与组织心理学家 工效心理学家
商场如何布局能吸引更多顾客?	消费心理学家
为什么我在每次考试前都会生病?	健康心理学家

:哇,这么多心理学,听得我都头晕眼花了,牛博士,那岂不是基本上有人的地方,就有心理学的用武之地?

:的确,心理学的应用价值非常广泛。

在咨询中心、精神卫生中心以及医院,我们可以看到临床心理学家的身影,他们为那些需要帮助的人提供建议,解决他们的心理困惑,帮助他们保持心理健康;对那些有比较严重的心理疾病的患者,如强迫症、厌食症、抑郁症、焦虑症、广场恐惧症、精神分裂症患者等,则采用行为矫治或者药物治疗。除了提供心理帮助之外,他们也做一些研究性工作。

在学校,教育心理学家和学校心理学家发挥着极其重要的作用。教育心理学家研究学生如何学习,教师应该怎样教学,教师如何才能把知识充分地传授给学生,以及如何针对不同的课程设计不同的授课方式等等;而学校心理学家负责学生的心理辅导与健康成长的工作,有时他们也针对个别学生提供学习上、情感上的帮助和支持。

在监狱、犯罪研究机构以及司法部门活跃着的心理学家通常被称为司法心理学家,他们研究社会犯罪的特征和规律,为决策机构提供预防、减少犯罪的建议,帮助偏离社会正轨的人重新踏上社会,有时也为司法部门在心理障碍病人犯罪的判决问题上提供科学定罪依据。

还有很多心理学分支领域,如军事、工业、经济等等,可以说,还没有哪一门学科像心理学这样有这么广阔的研究和应用范围。

:好啦,最后我们再来看看先前你写的那张纸,有没有我们上面提到的那些内容呢?你说对了哪些?哪些需要继续补充?还有哪些可能得划掉?

第一章　我们眼中的心理学——心理学是什么

❓ 考考你：

1. 心理学一词是怎么来的？
2. 你眼中的心理学家是什么样子的呢？
3. 举几个生活中与心理学有关的例子。
4. 心理学的主要研究方法有哪些？
5. 看了我们的大致介绍之后，你对哪一个领域的心理学比较感兴趣呢？

第二章
多彩的世界——感觉

（上课前，小卡一脸沮丧地走进牛博士的办公室，欲言又止。）

:牛博士，我有个问题……色盲，是不是一种很严重的病啊？前两天体检医生说我是色盲，我特别害怕。

:色盲是很常见的遗传性疾病，患这种病是因为视网膜上缺了某些感觉颜色的细胞。小卡，不用害怕，通常色盲在有明确的自我了解的情况下不会影响生活，只不过和别人眼中的世界不太一样罢了。

:真的吗？！这么说我稍微放心了点。

:今天我正好打算给大家讲这一课。走，上课去！

第二章 多彩的世界——感觉

心理学存在于任何有人存在的地方,心理学的知识能够运用于你生活的各个方面。心理学研究者的职责就是尽可能按照科学的方法,研究或思考人的心理过程(包括感觉、知觉、注意、记忆、思维、想象和言语等过程),从而得出适用人类的、一般性的规律,继而运用这些规律,更好地服务于人类的生产和生活。

接下来我们将从人的心理过程出发,介绍心理学家经过长期的研究总结出的人的初级心理过程——感觉、知觉、记忆等方面的一些规律,带领你一步步走进心理学的微观世界。

我们是如何感受这五光十色的世界的?

从我们呱呱坠地的那一刻起,这个纷繁复杂的世界就向我们展开了她的怀抱。我们还不曾学会开口叫"妈妈",却已经急不可耐地感触世界的光影声色,也正是从这个时候起,我们踏上了认识和了解这个世界的征程——是的,一切即从我们感受世界的那一刻开始。

其实我们每个人对世界的认识都不一样,因为首先每个人的感觉就不同。对同一片海水有些人会说它是蓝色的,有些人会觉得是绿色的,有些人觉得水太凉,有些人却觉得水温正好适合游泳。有关感觉的研究是心理学研究中最古老的部分,它的许多事实和理论,长期以来引起了艺术家、生理学家、物理学家和心理学家的浓厚兴趣。我们到底是如何感知我们所生存的世界的?

➢ 世界因你而精彩——感觉及其意义

生活中,各种各样的感觉信息刺激着我们的五官,我们用自己的眼睛、耳朵、躯体感受着这个世界,使自己得以确认所接触的事物的形状、颜色及其组成部分。每天,我们都要接受大量的刺激,但是它们并未将我们淹没,我们的感觉器官也没有不堪重负,这是因为我们会根据自己的需要选取适当的信息,而不是不加选择地全盘接受。

感觉分类有几种?

:我觉得感觉应该包括五种:视觉、听觉、嗅觉、味觉和触觉。

:在大多数人的印象中,我们的五官对应着五种感觉。实际上,这种认识并不全面,感觉的分类有很多种,一般在临床上分为**特殊感觉**、**躯体感觉**和**内脏感觉**。

:哈哈,内脏也有感觉,挺人性化的说法。

:你别笑,而且也真不能小看这些感觉,你想过如果没有它们会怎么样吗?

聊一聊

你所不了解的感觉分类

特殊感觉

特殊感觉包括视觉、听觉、嗅觉、味觉和前庭感觉(又叫平衡觉)。在这些特殊的感觉中,视觉最为重要,在人脑所获得的信息中,至少有70%以上来自于视觉,而且当视觉和其他感觉发生矛盾时,我们深信"眼见为实"。曾经有学者用实验很好地论证了我们对视觉的依赖。在这个实验中,研究人员给每一位参加实验的被试事先戴上一副特殊的三棱眼镜,使被试通过这副特殊的眼镜看到一根直的木棍是弯曲的,同时请被试用手触摸这根木棍,触觉告诉被试木棍是直的,也就是说他们的触觉和视觉是互相矛盾的。接着研究人员请被试回答"木棍是什么形状的?",结果有90%的被试都坚信自己的视觉,认为木根是弯曲的。可见"眼见不一定为实",要获得真实准确的信息,我们应

该综合各种感觉来判断。

躯体感觉

躯体感觉分为皮肤感觉和深部感觉。其中皮肤感觉包括触觉、压觉、温度觉、震动觉和痛觉。皮肤感觉我们都很熟悉,比如触摸到冰,我们会感到刺骨的寒冷;手被针扎了一下,我们会疼得把手缩回来。而对于深部感觉我们常常没有明显的体会,所谓的深部感觉是位于肌肉和关节等身体的深部结构中的各类感受器所产生的主观感觉。当你闭上双眼时,请试着把你的手插入你的裤子口袋里。你能十分准确地插入吧?这就得益于你身体的深部感觉,我们身体内部随时随地都有着关于我们身体各个部位相对位置的感觉,这些感觉来自我们的肌肉和关节中的感受器。

内脏感觉

内脏感觉是指我们身体各脏器受到刺激时产生的主观感觉,包括内脏痛觉、牵拉感觉、胀、饥饿、恶心和牵涉痛。比如,有时我们会觉得腹中空空、饥饿难忍,口干舌燥,或膀胱鼓胀,有时我们觉得胸闷、心慌、腹痛,这些都是所谓的内脏感觉,在我们身体不舒服的时候常可以体会到。

假如没有了感觉

我们无时无刻不在感受世界,那么感觉是如何产生的呢?首先让我们来认识一下人类主要的感觉器官:眼(视觉)、耳(听觉)、鼻腔的嗅上皮(嗅觉)、舌的味蕾(味觉)等。这些感觉器官接收到外界的光、声、味等刺激以后,通过一定的神经通路将信号传到我们的大脑皮层,于是就产生了各种各样的感觉。

同学们是否有过这样的感受,在一个与外界隔绝、安静得连针掉落的声音都听得见的房间,我们不仅不会觉得清静舒畅,反而感到一丝压抑和恐慌。那么,如果把我们的其他感觉也一并剥夺呢?如果我们看不到、听不到也触摸不到,会变得怎样?许多心理学家通过"感觉剥夺"的实验,论证了我们日常接收到的光、形、色、声、嗅、味、触等刺激对于维持我们正常的身心机能是十分必要的。

 实验小揭秘

第一个**感觉剥夺实验**是由加拿大麦吉尔（McGill）大学的心理学家赫布（D. O. Hebb）和贝克斯顿（W. H. Bexton）在1954年进行的。他们征募了一些大学生作为被试，这些大学生每忍受一天的感觉剥夺，就可以获得20美元的报酬。这对当时的大学生来说可算是一笔不小的收入了。在实验中，大学生要做的只是每天24小时躺在有光的小房间里的一张极其舒适的床上。

那么，怎么样算是感觉剥夺呢？在实验的过程中，实验者只给大学生被试吃饭的时间、上厕所的时间，除此之外，严格地限制他们的任何感觉，为此，实验者给每一位被试戴上了半透明的塑料眼罩，可以透进散射光，但他们看不到其他图像；被试的手和胳膊被套上了用纸板做的袖套和手套，以限制他们的触觉；同时，小房间中一直充斥着单调的空气调节器的嗡嗡声，这样做是用来限制被试的听觉。猜猜看，大学生被试们能忍耐多久？换作是你，能坚持多久？

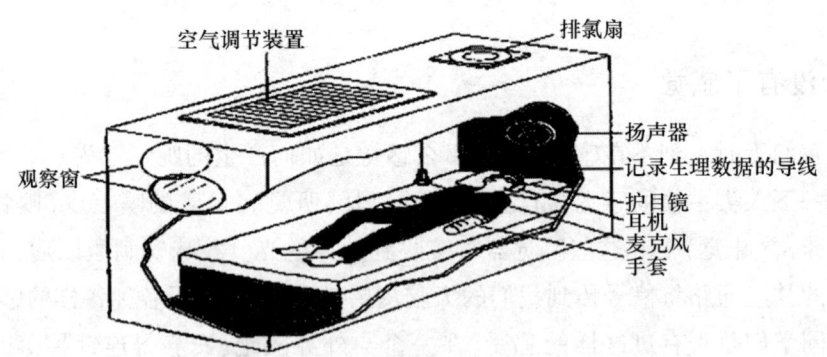

感觉剥夺实验中被试所在的小房间

实际上，实验开始不久被试们就逐渐觉得难以忍受，要求立刻离开感觉剥夺的实验室，放弃20美元的报酬。实验后，这些学生报告说，他们在小房间中对任何事情都无法做清晰的思索，哪怕是在很短的时间内；他们感觉自己的思维活动好像是"跳来跳去"的，进行连贯性的集中注意和思维十分困难，甚至在剥夺实验过后的一段时期内，这种状况仍持续存在，无法进入正常的学习状态。还有部分学生报告说，自己在感觉剥夺过程中体验到了幻觉，而

第二章 多彩的世界——感觉

且他们的幻觉大多都很简单,比如有闪烁的光、忽隐忽现的光、昏暗但灼热的光等。

在那之后,心理学家们又发展了多种形式的感觉剥夺实验研究方法,所有的实验都显示了在感觉剥夺情况下,人会出现情绪的紧张忧郁、记忆力的减退、判断力的下降,甚至各种幻觉、妄想,最后难以忍受,不得不要求实验立即停止,把自己恢复到有丰富感觉刺激的生活中去。可见,丰富的感觉刺激对维持我们的生理、心理功能的正常状态是必需的。

:好恐怖!(小卡吐了吐舌头)

:嗯,所以我们应该倍加珍惜现在能看到、听到、摸到的东西啊(牛博士也不禁有些感慨)。

:看来我们得谢谢眼睛、耳朵、鼻子。

:嗯,确实,还有我们的舌头、皮肤。

我们感觉外部世界的过程是人类行为中最吸引人而又难以解释的一个方面。我们的感官是如何工作的呢?在这一研究领域,科学家们有了哪些有价值的研究成果?在这里,我们选取了大家最熟悉的也是人类非常重要的三种感觉:视觉、听觉和痛觉,介绍有关这些感觉的基本知识和有趣现象。

▶ 带来最大信息量的感觉:视觉

我们对环境信息做出反应,大多数情况下是由视觉把信息传递给我们的大脑而引起的。通过视觉系统,我们可以感知外界事物的大小、形状、颜色、明暗、动静、远近等等。在人出生不久,视觉就开始被用来探索世界的种种特

征和变化了。1975年怀特(White)就报告说,8个月到3岁的婴幼儿在清醒的时候,用20%的时间注视他们面前的物体。的确,在人类对环境的探索中,视觉执行着重要的早期任务,而且这一任务持续整个一生。因此,在人类的感觉系统中,视觉无疑是占主导地位的。

你看到了什么——视觉刺激

我们的眼睛看到的是可见光,可见光是一种电磁波。我们的双眼能接受的电磁光波仅仅是整个电磁光谱的一小部分,不到七十分之一,波长范围大约为380—760纳米。用不同波长的光照射我们的眼睛,我们的双眼将产生各种不同颜色的视觉;而将所有波长的可见光混合起来,则会产生白色视觉。

有趣的视觉现象

我们可能都曾经有过这样的经验,当我们去电影院看电影时,刚走进去,感到一片漆黑什么也看不见,只能扶着椅子慢慢地往前走,过上一段时间,才能渐渐看清楚里面的椅子和人。这个过程,叫做**暗适应**。

反过来,当我们从黑暗的房间里突然走出来,或半夜醒来时突然灯光通明,这时我们的双眼一下子承受不了,不得不把眼睛眯起来,甚至闭上几秒钟,造成暂时失明状态,慢慢地我们才能再睁开双眼,恢复正常视觉。这种从暗处突然进入亮处,双眼逐渐对亮光的适应过程,叫做**明适应**。暗适应是一个较缓慢的过程,大约需要30分钟,有时甚至需要近一个小时;而明适应则是一个很快速的过程,通常不到一分钟就可完成。

当你在晚间看书时,可以尝试做一个实验,即用你的双眼注视远处的灯光,然后用书作为你眼前的屏幕,上下迅速移动你的双眼,这时你会发现,你所见的远处的灯光并不因为你眼前书本的隔离而有间断的感觉。这种视觉刺激虽然消失了,但感觉仍然暂时留存的现象,称为**视觉后像**。我们在看烟火时,由烟火引起的光觉与色觉,在烟火熄灭后,仍然会暂时留存在我们的视觉经验中,这也是视觉后像的表现。

第二章 多彩的世界——感觉

:让我们做个小实验来感受一下视觉后像:请你用力注视下面这个图形中央两个类似桃心的黑块中间竖行排列的 4 个小黑点 30 秒,然后闭上眼睛仰头朝上,眼睛再慢慢张开看天花板,试试你会看到什么——不用惊讶,这不是什么奇异现象,只是视觉后像的作用。

视觉对比:当两种不同颜色或不同明度的物体并列或相继出现时,我们的视觉感觉会与物体以单一颜色或单一亮度独立出现时不同,即无色彩时的视觉对比会引起明度感觉的变化;有色彩时的视觉对比则会引起颜色感觉上的变化,使颜色感觉向背景颜色的互补色变化。请你注视下面的图形,你有什么感觉?

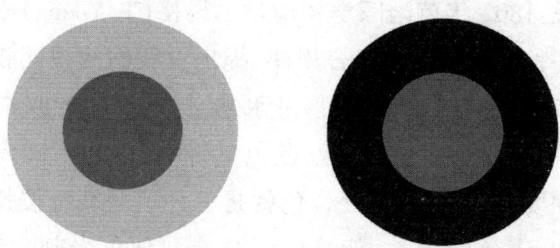

你会明显地感觉到,图中两个圆中间的灰度区域看上去彼此有很大的不同,左边的更黑一些,右边的更淡一些。可是,它们的灰度实际上是一样的。你可以用很简单的方法来验证一下。请把一张纸卷成一个细长筒,确保你的眼睛只能看到中间的灰色区域,把长筒先对着左边的图中央,然后再对着右边的图中央,你就会发现两副图中央的灰度是一样的,这个现象是不是很奇妙?这实际上是由于中间颜色与背景颜色的对比使我们产生了错觉。

:哇!原来我们的眼睛、视觉还藏着这么多的秘密呢。真神奇!

:这还只是很小的一部分,心理学对于视觉的研究远不止这些。同学们前两天都参加了体检,还记得当时医生们给你们看的有各种颜色圈圈的图吗?

(一脸郁闷):当然记得……

:大家可能隐约知道那是用来测色盲的,但是不知道什么是色盲,甚至对色盲感到恐惧。接下来我要告诉大家什么是色盲,其实色盲不是绝症,并不可怕。为了让同学们更好地理解,先给大家介绍几个关于色觉的理论。

感知多彩的世界——色觉理论

三原色学说:1802年英国医学物理学家杨格(T. Young)根据红、绿、蓝三原色可以产生各种色调的色光混合规律,提出在我们的视网膜上有三种神经纤维,三种神经纤维都有其特有的兴奋水平,每种纤维的兴奋都引起我们对一种原色的感觉,即分别产生红、绿、蓝色觉,而光谱的不同成分混合会引起三种纤维不同程度的同时兴奋,混合色就是三种不同纤维按特定比例同时兴奋的结果。例如,青色的感觉,就是由绿与蓝两种色光刺激混合而形成的。如果三种纤维同等程度地受到刺激、同等程度地同时兴奋,就产生白色感觉。

1802年杨格提出的这一理论还只是一个假设,但在1857年时,这一理论被德国学者赫尔姆霍兹(Helmoholtz)验证并加以补充和完善,成为著名的杨赫二氏色觉论(Young-Helmoholtz theory of color vision),简称三原色学说。在

第二章 多彩的世界——感觉

色觉研究上,三原色学说做出了巨大的贡献,彩色电视机就是根据三原色的混合原理设计成功的。

对比色学说:1876年,德国生理学家赫林(Ewald Hering)观察到,颜色视觉是以红—绿、蓝—黄、黑—白成对的关系发生的,因此,他提出在我们的视网膜上有三对不同功能的感光视素:红—绿、蓝—黄、黑—白,每对视素对其所对应的一对色光刺激起性质相反的反应,比如红—绿视素,在红光下会分解,产生红色视觉,在绿光下则合成,产生绿色视觉。由于每一种颜色都有一定的明度,即含有白光成分,因此,每一种颜色不仅能影响其本身视素的活动,而且也影响着白—黑视素的活动。

:经过前面的介绍,同学们对颜色视觉产生的规则已经有所了解。但是,这些规则对于那些天生有色觉障碍的人却是不适用的。色盲,就是部分或完全不能分辨颜色的人。

聊一聊

什么是"色盲"

色盲是一种色觉障碍疾病。它有多种类型,最常见的是红绿色盲。根据三原色学说,可见光谱内任何颜色都可由红、绿、蓝三色组成。三原色都能辨认为色觉正常者,三种原色均不能辨认称全色视。辨认任何一种颜色的能力达不到正常标准者称色弱,主要有红色弱和绿色弱,还有蓝黄色弱。如有一种原色不能辨认称二色视,主要有红色盲与绿色盲。

1. 全色盲

属于完全性视锥细胞功能障碍,与夜盲(视杆细胞功能障碍)恰好相反,患者尤喜暗、畏光,表现为昼盲。七彩世界在其眼中是一片灰暗,如同观看黑白电视一般,仅有明暗之分,而无颜色差别。而且所见红色发暗、蓝色光亮,此外还有视力差、弱视、中心性暗点、摆动性眼球震颤等症状。它是色觉障碍中最严重的一种,患者较少见。

2. 红色盲

又称第一色盲。患者主要是不能分辨红色,对红色与深绿色、蓝色与紫红色以及紫色也不能分辨。常把绿色看成黄色,紫色看成蓝色,将绿色和蓝色相混为白色。曾有一老成持重的中年男子买了件灰色羊毛衫,穿上后招来嘲笑,原来他是位红色盲患者,误将红色看为灰色。

3. 绿色盲

又称第二色盲,患者不能分辨淡绿色与深红色、紫色与青蓝色、紫红色与灰色,把绿色视为灰色或暗黑色。一美术训练班上有位线条画得很好的小朋友,总是把太阳绘成绿色,树冠、草地绘成棕色,原来他是绿色盲患者。临床上把红色盲与绿色盲统称为红绿色盲,患者较常见。我们平常说的色盲一般就是指红绿色盲。

4. 蓝黄色盲

又称第三色盲,患者蓝黄色混淆不清,对红、绿色可辨,较少见。

5. 全色反

又称三原色盲,是所有色盲症中最严重的一种。现实世界在其眼中如同一幅纯真的底片,患者将红色视为绿色,黑色视为白色,所有看到的颜色与现实完全相反。

:色盲有先天性及后天性两种,先天性由遗传而来,后天性因视网膜或视神经等疾病所致。色盲会遗传,通常男多于女。我国先天性色盲的发生率,男性约5.14%,女性约为0.73%。色盲很难根治,但我们对它也并不是完全无能为力的,有一些方法能够帮助矫正色盲。而今在我国和日本,红绿色盲的治疗已取得可喜进展。

➢ 让世界不再寂静:听觉

在对世界的体验中,听觉和视觉起着相互补充的作用。尽管我们对进入

第二章 多彩的世界——感觉

视野中的物体的视觉辨认优于听觉,但这通常是因为你已经用耳朵将眼睛引向了正确的方向,然后才看见了物体。你可以欣赏优美的音乐,可以和伙伴们欢声笑语,可以敏锐地感知环境的异动……这一切都因为听觉的作用,如果失去听觉,我们将身处无声的世界,忍受一片寂静。大家都知道听觉的感觉器官是耳朵,那我们是如何通过耳朵听到声音的呢?

听到了什么——听觉刺激

用笔在桌子上轻敲,吹吹口哨,轻拍你的双手……为什么这些动作会产生声音呢?

因为它们使物体产生了振动。实际上听觉刺激是一种振动,具体讲就是一种稠密和稀疏交替的纵波,是由能量传递方向一致的分子运动所组成的声波。

声波在不同的媒体中,如空气、水等,其传递速度也不同。当声波的振动频率为 20—20000 Hz 时,便可引起我们的听觉,因而这一段声波范围就叫做可听声谱。频率低于 20 Hz 和高于 20000 Hz 的声波,我们人就听而不闻了。

听觉对动物适应环境和人类认识自然有着重要的意义。对人类来说,有声语言更是交流思想、传递信息的重要工具。

聊一聊

人是怎么听到声音的?

1851 年一位意大利解剖学家报告说,他在研究颅骨时发现,颞骨是一个包含腔洞和隧道的系统。这一结构最引人注目的部分是一个充满液体的小管,长约 3 厘米,卷成蜗牛状,因此被称为**耳蜗**。直到 20 世纪中叶,耳蜗的机能仍是一个谜。就在这时,另一位意大利解剖学家 Corti 报告说,人类的听神经与耳蜗相连。这一发现推动了学术界对耳蜗功能的大量研究工作。结果发现,耳蜗底部受伤的话,会导致我们对高音的失聪;耳蜗顶部受伤的话,则会导致我们对低音的失聪。

1953年，生理学家贝凯西（Von Bekesy）提出了著名的"行波学说"来解释耳蜗对声音频率进行分析的原理。原来，声波振动按照物理学中的行波原理在耳蜗内传播，而声波频率不同，行波传播的远近和最大振幅出现的部位也不同，这就是为什么我们会产生不同的音调感觉。贝凯西的发现为他赢得了1961年的诺贝尔生理学或医学奖。

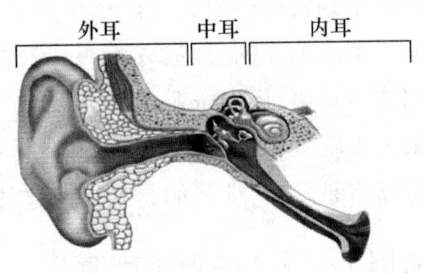

我们的耳由外耳、中耳、内耳构成，耳蜗是内耳中呈蜗牛状的结构

耳朵也能辨别方位——声音定位

有一些动物，比如海豚和蝙蝠，它们无法使用视觉在黑暗的水中或洞穴里定位物体。它们使用的是回声定位法——通过发出高音调波来试探物体并获得关于物体的距离、位置、大小、结构等反馈信息。尽管人类没有这样的特殊能力，但是都有类似的体验，当有人叫喊你的名字时，我们一般都能准确找出他的位置，我们会分辨得出叫喊的声音到底是从前面还是后面、左边还是右边传来。那么，我们是怎么做到的呢？科学家发现，在对听觉刺激进行空间定位时，人类往往可以依靠一些线索。

单耳线索：单耳判断声音的远近是根据声音的强弱：强则近，弱则远。所以很显然，即使我们将一个耳朵遮住，也能分辨出叫我们的人是在很远的地方，还是就在近旁。

：既然单耳也能判断声音，那我们人类为什么要有两只耳朵呢？

：单靠一只耳朵进行声音判断时，虽然可以有效地判断声源的远近，但并不能有效地判断声源的方位。所以对声音的方位和强弱进行更加精确的定位需要双耳线索。

第二章 多彩的世界——感觉

双耳线索进行判断依靠两个重要指标:声音的**时间差**和**强度差**。

时间差:由于我们的双耳分别位于头部左右对称的位置,因而当声音从左右不同的方向传过来,到达我们双耳时就会有一个先后的时间差,这一短暂的时间差就成为我们对声源左定位或右定位的重要线索;而当声波同时到达我们双耳时,说明声源离我们的两个耳朵同样近,也就是在正对我们的方向,此时我们就会对声源进行前定位或后定位。

强度差:声音到达我们双耳时还会有强弱的不同,比如,当声音来自左方时,由于头部的阻挡,左耳接收到的声波要比右耳接收到的声波强一些,由此我们也可根据强度差对声源进行有效的定位。

➢ 最古老的感觉:味觉与嗅觉

:是什么让眼睛产生了视觉?

:这我当然知道,是光啊。

:声音从哪里来呢?

:振动,你已经说过了,难不倒我。

:那么嗅觉和味觉又从哪里来?

:这……我还没有想过。

眼睛接收物体发出或反射的光线产生视觉，耳朵感受到空气的震动产生听觉，那么味觉和嗅觉又是从何而来呢？答案就是，化学物质。多细胞的生命体能够对身体内部和外部的化学物质做出反应，这是最古老的感觉，比如昆虫就可以通过释放化学物质来传递信息。

基本的味觉

如果问到身体的哪个部位对味道最敏感，我们大多数人会想到：舌头。当照镜子的时候，你会看到舌头的表面并不是光滑的，上面有一些小小的突起，叫做乳突，就是这些乳突中包含着我们所熟悉的味蕾。再仔细观察，你会发现乳突主要分布在舌尖、两侧和舌根的位置，所以舌头的中央会因为缺少味蕾而对味觉没那么敏感。散布在舌头表面的味蕾让我们能够产生不同的味觉，但有一些部位会对特定的味觉更加敏感。比如，舌尖对甜味更敏感，舌头两侧从外到里分别对咸味和酸味更敏感，而舌根则对苦味最敏感。这也就是为什么当我们喝药时，会感觉到舌根的地方最苦。

甜、咸、酸、苦是我们最熟悉的味道，但是到了2000年，科学家发现我们还拥有第五种基本味觉，它就是——鲜，或者更为准确地说，是谷氨酸所产生的味觉。当用味精调味时，追求的就是这种味道。

重要的嗅觉

"雨后的空气中有泥土的味道"，除了味觉，嗅觉也是"味道"的来源，在信息传递中发挥着不可或缺的作用。我们知道煤气和天然气的主要成分分别是一氧化碳和甲烷，它们既是生活中常用的燃气，又可能因为泄露而危害生命安全。所以我们会通过保留硫、苯等杂质的方式，给这些气体增添"味道"，作为一种安全提醒。

嗅觉不仅能够扮演风险提示的角色，也能够通过感知鲜花、香水、蛋糕、水果、饭菜等的味道，给我们带来享受。当我们进食时，食物不仅会带来味觉，它们的气味也会直接或在咀嚼时经过咽喉进入鼻腔产生嗅觉，然后与味觉共同形成独特的口味，就像当你尽情享受火锅的美味时，空气中辣椒的香气与舌尖上牛肉的味道同样重要。而当失去了嗅觉，很多食物都变得没那么美味了。回想一下，当感冒鼻塞影响了嗅觉时，是不是也同样影响了你的进食体验？或许下次当你不得不吃下不喜欢的食物时，可以捏住自己的鼻子试一试。

第二章 多彩的世界——感觉

聊一聊

单凭味觉能够辨别不同饮料吗

不管你是不是一个碳酸饮料爱好者,你一般都能够说出雪碧、可乐和芬达的区别。但是当蒙住双眼,戴上鼻夹,你还能够尝出自己正在喝的饮料是什么吗?答案是很难。如果不相信,你可以和自己的小伙伴一起试一试,不过要注意安全,不要呛到自己。

➤ 最不受欢迎的感觉:痛觉

:"痛"这种体验我们都曾有过,不过我想问大家一个问题:拥有一个好的痛觉系统会不会令你感到高兴?

(不屑地):有谁想要痛啊,又不是傻子……

:是的,相信所有的人都不会喜欢"痛"这种感觉,因此不管是伤痛或者是病痛都是我们想极力避免的。但是,有没有人想过,如果你没有了痛觉,那会怎样?

天生没有痛觉的人不会感觉到痛楚,你是不是觉得这很幸福?但是他们的身体总是带着疤痕,甚至他们的身体会因为受伤而变形。如果大脑能够警告他们危险的存在,一些伤害其实是可以避免的。所以,虽然痛觉让我们难以忍受,它却是一个重要的防御信号——警告我们要远离伤害,这对于人类的生存至关重要。

举个最简单的例子,当我们不小心用刀割到自己的手时,我们会感到疼痛,并立即放下刀检查伤口,如果没有痛觉提醒的话,我们会任由刀继续切下去,那样后果就不堪设想了;还有当你用手触碰热水时,通过痛觉传递,大脑会告诉你应该停止触碰来防止烫伤。

痛觉的心理学

痛觉反应是非常复杂的,在你对所经受疼痛程度的判断过程中,你的情绪反应、生活经验、你对痛的解释与实际的外界刺激一样重要。关于心理过程在痛觉感受中的重要性有两个极端的例子:一是没有疼痛刺激却有强烈的疼痛体验。例如10%的截肢者说他们的断肢处有剧痛,事实上他们的肢体已经切除,这就是幻肢现象。另一种是有强烈的伤害性刺激,人们却没有痛觉。比如一些参加宗教仪式的人在炭火或玻璃碴中行走却无痛感。

痛觉常伴有情绪色彩,并且出现痛苦表情

聊一聊

催眠与疼痛

1829年,一位法国外科医生Cloquet在法国医学科学院报告了一例对一位患有右侧乳腺癌的妇女所做的不同寻常的手术。在手术前,只给病人进行了催眠,而没有注射任何麻醉药物,结果在整个手术期间,病人没有一点疼痛的感觉。此报告引起了极大的反响,人们甚至指责Cloquet是骗子。然而在随后的几年中,就有很多人报告说也用催眠术进行了无痛手术。这些报告唤起了人们对催眠术可以缓解疼痛的心理学机制的研究兴趣。在大多数学者看来,催眠术缓解的只是病人对手术的焦虑、恐惧和担忧,而疼痛作为感觉是否也得以缓解,至今还是一个有争议的问题。也许,在催眠术下疼痛可能达到某些较低的水平,但是没有达到意识水平。关于这一点,Hilgardd的实验也许可以说明。

Hilgardd用循环冰水作疼痛刺激。他请被试把一只手放进冰水里,另一只手则放在一个指示疼痛感受的按键上,并请被试用1—10级报告感受到的疼痛强度。在催眠状态下,Hilgardd惊奇地发现,被试说不痛,而且全然不理

会放在冰水中的那只手,但放在按键上的手却按下按键报告疼痛的感觉,表现得和没有受到催眠时一样。这一发现说明,在我们的意识中存在不同水平的认识机能,疼痛可能达到意识的某一水平,但也可能达不到被意识到的水平。

❓ 考考你：

1. "感觉剥夺实验"说明了什么?
2. 感觉可以分为哪几类? 它们如何丰富了生活的体验?
3. 什么是三原色学说?
4. 什么是明适应、暗适应?
5. 痛觉有什么作用?

第三章
源于感觉,高于感觉——知觉

:牛博士,我琢磨了一个星期,知觉应该就是指"知道的感觉",就是说我知道我看到的东西,是不是?

(微笑着摇头):你这是字面意思上的理解。你先看看,右边这张图是什么动物?

:鸭子,又好像兔子。不对,鸭子。等等,还是像兔子。

:到底是鸭子还是兔子?

:啊,我不知道。

第三章 源于感觉，高于感觉——知觉

➤什么是知觉？

　　有人将感觉与知觉比喻为军事侦察员与参谋长的关系，侦察员的任务是将其所获得的情报送达军事指挥部，而参谋长的工作就是将各种情报加以选择、比较、分析、综合等，从而能够为司令员提供战事总体情况，以供其决策使用。感觉是知觉的基础，感觉越丰富、越精确，知觉也就越完善、越正确，知觉是感觉的深入发展。

聊一聊

　　相信大家都听过"瞎子摸象"的寓言故事。

　　几个盲人想知道大象究竟长什么样，因为眼睛看不到，他们只能依靠触觉，而因为大象太大，每个人只触摸到了象的一部分，于是摸到象鼻子的人说："大象又粗又长，就像一根管子"。摸到象耳朵的人说："不对不对，大象又宽又大又扁，像一把扇子。"摸到象牙的人驳斥说："哪里，大象像一根大萝卜！"摸到象身的人也说："大象明明又厚又大，就像一堵墙一样嘛。"摸到象腿的人也发表意见道："我认为大象就像一根柱子。"最后，抓到象尾巴的人慢条斯理地说："你们都错了！依我看，大象又细又长，活像一条绳子"。

　　这些盲人们为什么会犯这样的错误呢？这是因为他们判断的依据仅仅是自己片面的触觉，这是我们上一章中谈到的"感觉"。事实上，为了更准确地判断事物，我们常常得用上"知觉"，什么是知觉呢？它是我们的大脑对事物整体特征的反应，是对来自多种感觉通道的信息的整合。

➤知觉与感觉：区别与联系

　　感觉是对客观事物个别属性的反映，而知觉是对客观事物整体属性的反映。换句话说，通过感觉我们能孤立地感受到眼前的东西是什么颜色、什么气味以及会发出什么声音,但是我们没有办法来回答"这是什么"的问题,而知觉则把这些信息整合在一起,并根据我们的已有经验来判断"这是什么"。举个例子,当一只苹果放在我们面前时,视觉信息告诉我们这是红色的、圆的、两端有一点凹陷,嗅觉告诉我们有股甜甜的香味,于是我们的知觉将这些感觉信息整合在一起,告诉我们这是只苹果。

:回到前面那张图,到底是鸭子还是兔子?我们的眼睛看到的是同一个图案,但这个图案代表什么还是要看每个人的判断。你可以说它是鸭子,也可以说它是兔子。

:您这不等于什么都没说嘛,太狡猾了。

:不是狡猾,知觉是以我们过去的经验为基础的。

试想一个从来没见过兔子而只见过鸭子的人看了这张图会说什么?所以正如我上面说的,每个人看到的世界都不一样,一方面在于我们的感觉器官存在细微差异,另一方面更在于每个人经历的事情不一样,对所看到、听到、触摸到的事物的解释也一定不同。所以认为图片是鸭子的人,不要轻易说看到兔子的人是错误的,反之亦然。

感觉和知觉的另一个重要区别在于,感觉受感觉器官的生理特性及外界刺激物的物理特性的影响;而知觉过程具有主动性,它受一个人的兴趣、爱好、价值观和知识、经验的影响。

➤ 我们眼中的立体世界——空间知觉的线索

为什么我们能够感知一个三维的立体世界?这是由于"知觉"有效地利用了一些信息和线索,使得视网膜上二维的影像,能够从空间上表现深度,这才有了我们眼中的立体世界。让我们一起来探索知觉在这方面的神奇力量。

第三章 源于感觉,高于感觉——知觉

:请看下图,有两个立方体。哪个在前面,哪个在后面?

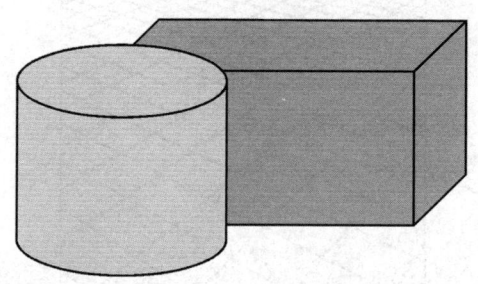

物体的遮挡是距离知觉的一个线索,被遮挡物感觉更远

在观察物体的时候,一些知觉线索能够为我们的判断提供信息。我们得出结论,圆柱体在长方体前面,就是运用了"**遮挡**"线索。圆柱体遮挡了长方体的左边的部分,所以我们会感觉到遮挡物——圆柱体离我们近一点,而被遮挡物——长方体离我们更远。虽然它是二维的,但是我们可以根据"遮挡"线索来判断它们的远近。

平行线,如火车轨道,会在远处汇聚,两条线越近,我们觉得离我们越远

"**线条透视**"也是我们常用的空间知觉线索。我们可以根据平面上面积的大小、线条的长短以及线条之间的距离远近等,判断远近。由大到小、由长到短,我们会觉得物体离我们越来越远,上页那张图中逐渐远去的铁轨及两旁的物体就是个例子。

37

当有很多同样或类似的物体,集成一大片的平面景观时,我们就会运用"近者大,远者小;近者清楚,远者模糊;近者在视野下缘,远者在视野上缘"的经验,有效地进行空间知觉。这种线索称为**结构梯度**。如下图所示。

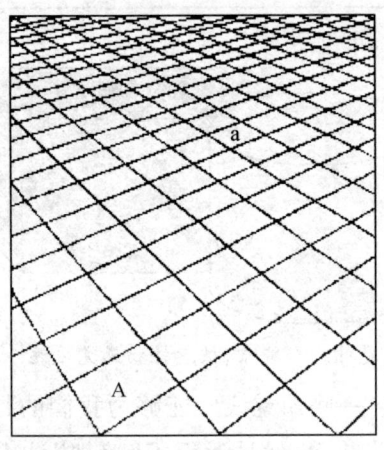

我们可以根据结构梯度判断这些矩形的远近

➢ 知觉是否有章可循?

:对于同样的事物,不同人可能有不同的知觉,甚至同一个人在不同时间也可能产生不同知觉,但这并不是说人们的知觉是不可把握、难以理解的,大多数时候人们在知觉时会遵循同样的一些规律。

把握整体,化繁为简:知觉的整体性

:人们总是根据自己的知识经验把直接作用于感官的不完备的刺激整合成完备而统一的整体,心理学把这称为——**知觉的整体性**。格式塔心理学派对知觉的整体性进行了研究,并总结出知觉的整体性的几个组织原则:

第三章 源于感觉,高于感觉——知觉

邻近律:人们往往倾向于把在空间和时间上接近的物体知觉成一个整体。比如下面这张图,间隙较小的三个黑点联合起来被我们感知成为一个整体,所以我们一眼看到的是由黑点构成的 6 条线,在竖直方向稍微向右倾斜。再比如敲锣打鼓时,我们会根据锣鼓声之间时间间隔的长短来进行听觉的组合,形成有规律层次的声音分段。我们一般不会以另一种结构来知觉它,或者就算以别的结构去知觉它,也是很费力的一件事。

相似律:在形状、颜色、大小、亮度等物理特性上相似的物体往往容易被知觉成一个整体。比如下图,我们会把形状相同的圆圈和黑点分别两两知觉为一组,而不太会把一个圆圈和一个黑点知觉成一个整体。

连续律:人们往往会把具有连续性或共同运动方向等特点的物体作为一个整体加以知觉。比如下图,我们可以强迫自己把它知觉成两个弯曲的、有尖顶的曲线组成的图形,即 AB 和 CD,但是,我们更倾向于把它知觉成更为自然和连续的两条相交的曲线 AC 和 BD。

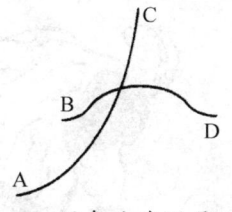

两条曲线还是两个有尖顶的图形?

求简律:我们的知觉倾向于在复杂的模式中让我们知觉到最简单的组合。比如下图,我们可以把它解释成一个椭圆和一个被切去了右边的直角图形,连接一个左边被切除了一个弧形的长方形,即一共三部分。可事实上,这不是我们知觉到的东西,我们知觉到的东西要比这简单得多,即一整个椭圆和一整个长方形互相重叠而已。

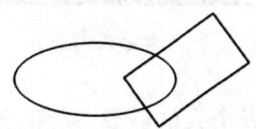

我们会将图形简单地知觉为有部分重叠的一个椭圆与一个长方形

闭合律:闭合律实际上是求简律的一个特别和重要的例子。它指的是我们在知觉一个熟悉或者连贯性的模式时,如果其中某个部分没有了,我们的知觉会自动把它补上去,并以最简单和最好的形式知觉它。比如下图,我们倾向于把它看作一颗五角星,而不是五个V形的组合。

我们倾向于将它知觉为一颗五角星,而不是五个"V"

是少女还是老妪:知觉的选择性

我们生活的世界如此丰富多彩,在同一个时刻会有许多的外界刺激同时进入我们的感官,但是我们却不会对所有刺激不加选择地进行加工,而是选择性地加工一部分符合我们当前需要的、有意义的信息,而忽视其他不重要的信息。这就可以理解为什么有些人在吵闹的地方仍能排除外界噪声沉浸在书本之中。

少女还是老妪?

这种人们对外来刺激有选择地进行组织加工的过程,就叫**知觉的选择性**。被我们选择进行进一步加工的刺激,称为知觉对象;而同时作用于我们感官的其他刺激就被叫做知觉背景。比如,对于坐在教室后排的同学来说,讲台上的老师往往是他们知觉的对象,而前排的同学以及教室不过是知觉背景。

知觉对象与知觉背景是相对而言的,对象与背景在不同情境下是可以相互转换的;这要依赖知觉者个人的需要、兴趣、爱好、知识、经验以及刺激物对个人的重要性等主观因素。右上这张经典的双歧图就是一个知觉对象与知觉背景可以相互转换的明显例证。如果你愿意,你可以把它看成一个稍稍有点侧身的老婆婆,也可以把它看成一位脸稍稍转开的少女,关键取决于你想看哪一种。

还有右下的图,把它知觉成陶瓷花瓶,还是知觉成人物剪纸,也与个人的知识经验以及对知觉对象和背景的选择等有关。

你看到的是脸还是花瓶?

变动的视角,不变的知觉:知觉的恒常性

:为了帮助你发现知觉的另外一个重要特性,下面我们来做一个小实验。把书放在课桌上,移动你的头让它离书本只有几厘米的距离,再把头移回到你正常阅读的距离。你觉得书的大小有变化吗?

:书本大小当然不会变化,我们又不是3岁的小朋友。

:在同学们把头靠近书本的时候,尽管书本在视网膜上刺激的区域比你正常阅读时候大得多,你还是知道书本的大小不会因为你头部移动造成的视网膜上成像的变化而变化。心理学家把这种现象叫做**知觉的恒常性**。

一般来说,我们的感受器接受的刺激是经常变化的,比如观察物的大小、形状、亮度、颜色等物理特征,但我们对物体的知觉却常常倾向于保持稳定不变。在一定范围内,知觉不随知觉条件变化而变化,而是保持对客观事物相对稳定的组织加工过程,这就是知觉的恒常性。知觉的恒常性对人类的生存和发展有着十分重要的意义,在视知觉中表现尤为显著。

亮度恒常性:把一张黑纸和一张白纸并列时,我们看到的是黑纸呈黑色,白纸呈白色,这是因为黑色和白色的亮度不同,形成了不同的视觉刺激所致,是一种以视觉器官为基础的视觉经验。但是,如果你把黑白两张纸放在阴阳处,使每张纸都一半摊在阳光下,一半摊在阴影中,这时两张纸的亮度都发生了变化,但我们看到的仍然是一张黑纸,一张白纸,而不会把黑纸或白纸看成是由两块不同的颜色组成的纸张。这就是亮度恒常性,是指照射物体的光线强度发生了改变,但我们对物体的亮度知觉仍保持不变的知觉现象。

大小恒常性:同一个物体在我们视网膜上的映像大小,会随着物体距离我们的远近而发生改变:距离我们越远,在我们视网膜上的映像也就越小;距离我们越近,在我们视网膜上的映像也就越大。这是以视觉感受器为基础的视觉现象。但是,我们在判断该物体的大小时,却不纯粹以视网膜上的映像大小为依据,而是把它知觉成大小恒定不变的。这就是知觉的大小恒常性。

知觉的大小恒常性也要依赖于知觉对象与知觉背景之间的相互关系。比如下图中左边两个人,我们把远处的人看成和近处的人一样大小,是由于有深度透视的墙壁相对照,如果没有深度透视的墙壁做对照,我们的知觉也就很难保持大小恒常了,如最右边的人其实和最左边的人大小一样,但是看起来却比中间的人小很多。

形状恒常性:知觉对象的角度有很大改变的时候,我们仍然把它知觉为其本身所具有的形状,这就是知觉的形状恒常性。比如,拿一个一元的硬币,把它放在一臂远的地方,然后逐渐地把硬币竖起来,这时在你的视网膜上,硬币的映像将由椭圆逐渐变为正圆,但你始终把它知觉为正圆形。

尽管这三扇门角度不同,但我们倾向于把它们知觉为相同的矩形

使我们的知觉保持形状恒常的重要线索是有关深度知觉的信息,比如倾斜、结构等,如果这些深度知觉的线索消失了,我们对物体形状的知觉也就不能保持恒定不变了。

颜色恒常性:大多数物体都有颜色,物体的颜色之所以能被我们看见,是因为物体本身对光的反射。物体在光线明亮的环境中,对光的反射多,物体原有的颜色也就越明确;物体在光线昏暗的环境中,对光的反射少,物体原有的颜色也就越不明确,甚至都显不出物体原有的颜色,但此时我们仍然能知觉到它的颜色,这就是颜色恒常性的作用。如右下图,不管光线照射如何,圆柱体的逆光面和向光面都是同一种颜色。

由于客观事物存在和发展的稳定性,人类对客观事物的知觉也就需要有相应的稳定性,这样才能真实地反映客观事物的自然属性和真实面貌,更好

地适应环境。当然,知觉的恒常性并不意味着它不受任何因素的影响,它会受到个体知识、经验的影响。我们在知觉某事物时,总会利用以往的知识、经验来帮助我们构建事物的整体面目。

聊一聊

知觉的跨文化差异

同样的物体,在不同人眼里都是相同的吗?答案是否定的。知觉,以及后面几章将会提到的记忆、思维等都有性别差异、个体差异,而文化差异更是显著。

早在20世纪50年代,人类学家特恩布尔(C. M. Turnbull)在非洲茂密森林的深处考察原始部落时,就对当地人奇特的知觉现象产生了浓厚的兴趣,并在心理学杂志上报告了他的发现。特恩布尔报告说,他从当地找来一个青年做向导。一次,他们驱车离开森林时,这位从未走出森林的向导指着远处的山峦问,这些是小山头还是云彩?更有趣的是,当向导看到远处的一群水牛时,竟问"这是什么种类的昆虫?"在这名青年向导的知觉过程中,没有考虑到距离的影响,这说明长期生活在森林、没有远距离观察经验的原始部落成员未能产生知觉恒常性。但是这位向导在特恩布尔的帮助下很快就适应了平原地带的知觉环境,可见知觉恒常性是后天形成的。

▶ 别让错觉欺骗你

:在上课之前,和同学们讲一个故事,《两小儿辩日》。

从前有两个小孩,对太阳是近还是远争论了很久。

一个孩子说:"我认为太阳刚升起的时候距离人近,但是到正午的时候离人远。太阳刚刚升起的时候像车篷般大,到了正午看起来就像盘子一样,这不是远的东西看起来小而近的看起来大的道理吗?"另一个孩子说:"我认为太阳刚升起时离人远,而到中午时离人近。太阳刚出来的时候人感觉很清凉,到了中午就像把手伸进热水里一样热,这不是越近感觉越热而越远感觉越凉的道理吗?"

：我知道,你是想告诉我们每个人的认识都不一样嘛。

：活学活用,不错。不过,我今天想和大家说的却是:**知觉也会犯错**。

同一个太阳却被我们知觉为不一样大小,所以我们的感觉经常会欺骗我们,这些错误的知觉或者说完全不符合客观事物本身特征的失真或扭曲的知觉反应,就叫做**错觉**。

生活中常见的错觉现象

日常生活中我们会产生许多的错觉,大部分为心理学所谓的**视错觉**。虽然我们知道地球总是绕着太阳转,太阳是太阳系的中心,但我们还是每天看到"日出"和"日落"。类似的,还有常见的**月亮错觉**和**移动错觉**。

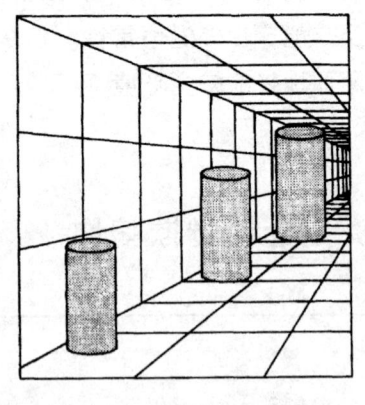

你可能注意到这样的知觉现象,就是当月亮接近地平线时,看上去要比皓月当空时大一倍半,为什么我们对月亮的大小知觉会产生这样的失恒呢？这是因为,当月亮在地平线上时,会被远处的房屋、树木所遮挡,它们会成为月亮的知觉背景,月亮因此而被知觉得大些；而皓月当空时,没有知觉背景进行比照,月亮就好像小了许多。知觉恒常性的这一失灵显然是由于知觉背景的变化所引起的,《两小儿辩日》中,两个孩子对太阳的观察也是同样的道理,如果排除太阳周围参照物的影响,你就会发现早晨和中午的太阳也是一样大小的。你可以通过右上的图片感受一下这种错觉。图片中的圆柱体,哪一个更大些？由于圆柱体周围参照物的作用,我们很难把它们看做是一样大的圆柱体,但事实上它们的确是一样大的,你可以用尺子验证一下就知道了。

移动错觉:在生活中我们经常体验到移动错觉,比如,你坐在火车里,火

车并没有开动,但是由于相邻的火车在移动,结果你就觉得自己所坐的火车开动了。同样,如果你在飞速行驶的火车尾部窗口俯视铁轨,你就会觉得铁轨在从火车底下飞速地向后延伸,这些都是移动错觉。

你知道吗?——戏弄大脑的几种错觉

错觉可以分很多种,我们都可能碰到过,下面就让我们一起来看看什么时候人们可能产生错觉。

线条横竖错觉(horizontal-vertical):图 a 中横竖两条等长线段,由于竖线段垂直于横线段的中点,结果我们知觉竖线段似乎更长一些。

缪勒—莱尔错觉(Muller-Lyer illusion):图 b 中两条竖线一样长吗?大部分人会说左边的竖线更长一点。这是因为线段两头画有不同方向的箭头,使得箭头朝向两头的看起来比箭头相对的要短一些。

奥伯逊错觉(Aobison illusion):见图 c 中的方形和圆形,由于放射线的影响,看起来似乎圆不是正圆,方也不是正方,而事实上,圆是正圆,方也是正方。

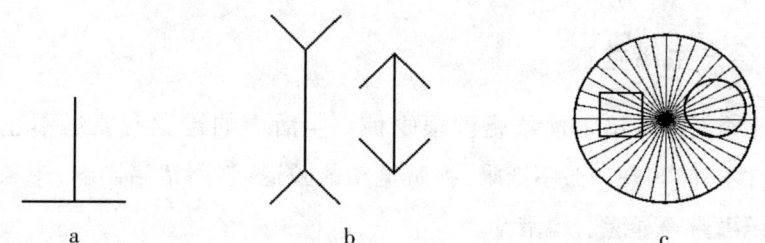

a   b   c

戴勃福错觉(Delboeuf illusion):d 图中左边的小圆和右边的圆大小一样吗?它们其实是两个面积相等的圆,只不过左边的圆由于嵌进了一个稍大一点的同心圆内,就使得它看起来更大些。

赫尔岑错觉(Hering illusion):在 e 图中,中间两条线其实是平行线,你看出来了吗?由于被延伸向各个方向的直线所截,使它们看起来失去了原来平行线的特征。

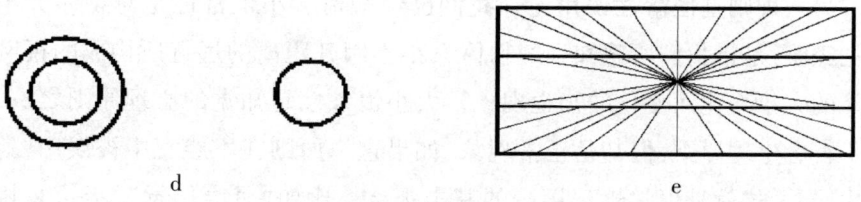

d   e

佐尔纳错觉(Zollner illusion)：见图 f 所示，当数条平行线各自被不同方向的斜线所截时，就会出现两种视错觉，一是平行线不再平行，二是不同方向截线的黑色深度似有不同。

编索错觉(twisted cord illusion)：见 g 图所示，好像是盘起来的编索，呈螺旋状，而事实上是由一个个同心圆组成，你可以任选一点，然后循其线路进行检验。

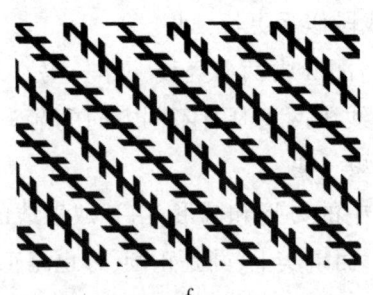
f

g

为什么会产生错觉？

你是否对这些错觉现象感到很吃惊？生活中的错觉现象远不止于此。感知条件不佳、客观刺激不清晰、视听觉功能减退、强烈情绪影响、想象、暗示以及意识障碍等都能引起错觉。

尽管错觉现象十分明显，但是至今都没有找到其产生的确切原因。多年来，心理学家们也一直在进行努力的探索，试图从知觉的生理过程和心理过程中寻求解答，因此形成了两种观点。

一种是**周围抑制论**。这种理论认为，视错觉的产生并非是因为个人对外在物体特征的失实解释，而是由于物体各部分反光度不同，使视网膜上视觉细胞彼此受到抑制所导致。

另一种则是**恒常性误用论**。我们已经知道大小恒常性是对物体大小的知觉经验，是指我们所感知到的物体大小不因其距离的远近所构成的视网膜映像的大小变化而变化的知觉现象。大小恒常性是知觉的心理原则之一，虽然不符合生理原则，但却是正常现象，如果这一原则在不经意中被误用，就会产生错觉，这就是恒常性误用论的基本观点。比如"月亮错觉"，无论是接近

地平线的月亮,还是皓月当空的月亮,任何时间的月亮在我们视网膜上的映像都是一样大小,只是我们在看地平线的月亮时,我们和月亮之间隔了许多房屋、树木等物体,从而使我们在不知不觉中就判断地平线的月亮更大一些了。

聊一聊

有趣的错觉图形:知觉心理学家发明的"不可能的事物"

请看下面的图,你有什么令人惊讶的发现吗?

 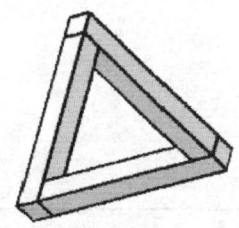

同学们可能发现了,这两个图形在现实生活中是不可能存在的,比如左边的阶梯,你找不到它究竟是从哪里起步哪里终止的,而在右边的图形中,你找不到哪几面是在同一平面上。这些都是利用错觉原理绘制的"不可能的事物",一些画家甚至据此画出了许多复杂有趣的错觉图形,有兴趣的同学可以自己去搜搜看。

? 考考你:

1. 感觉和知觉有哪些区别和联系?
2. 空间知觉的线索有哪些?
3. 知觉有哪些特点?
4. 生活中有哪些错觉现象?
5. 对错觉现象的解释有哪些?你的看法是什么?

第四章
如影随形——记忆与遗忘

:英语单词真是让我焦头烂额,每次考前突击了但是考试的时候却是脑袋一片空白。是不是我的记忆有问题啊?

:背单词是要讲究方法的。关键是我们要把握记忆的规律来帮助学习。

学生时代的你肯定有这样的困扰,每天要记大量的课文、单词,大脑的这些记忆负担搞得我们疲惫不堪。更令你烦恼的是,为什么有些内容,明明花了很多时间去背去记,却总是记不住,在考试的时候总回忆不起来。这时你可能会生气自己为什么记忆能力这么差;抱怨为什么要背要记那么多的内容;幻想着如果自己有一种记忆魔法就好了……

那么,假如有一天你突然失去了记忆,那又会怎样?
你可能会认不出哪些是你的亲人,可能会忘了谁是你的朋友,可能不知道自己的卧室是哪一间,可能出了门就忘了哪一栋房子

第四章 如影随形——记忆与遗忘

是自己的家,甚至可能连自己的名字都叫不上来。你不能上学,因为你不知道自己是谁,你的同学、老师,你都不认得了。即使这些困难都克服了,学习对你来说也是一件不可能的事,因为你学过就忘,同样的内容对你来说永远是新的。没有了记忆,我们每一天都会像刚出生的婴儿那样,什么都不懂,什么都不知道。

记忆对我们的学习和生活是如此的重要,我们对它又了解多少呢?有人说过,我们只开发了大脑10%的资源,这通常指的是我们只利用了记忆10%的容量,尽管有点夸张,大部分人没有充分有效地利用大脑却是一个事实,这可能与我们对自身不了解有关。有人会问,我们怎么可能连自己都不了解呢。不信?让我们来一起探索记忆的"黑匣子"。

▶ 记忆的获得与转换——从短时记忆到长时记忆

前面已经提到,刚看过的内容有些能够长时间地保存在我们的头脑中,有些则很快在我们脑海中消失。心理学家将能够长时间保持的记忆称为**长时记忆**,比如小时候学过、至今仍能背出的一首古诗;不到一分钟就忘了的记忆叫做**短时记忆**,比如在听到一个手机号码以后,你或许可以准确地复述出来,但是很快就会记不全。心理学家还发现有一种记忆的时间更短,不到半秒钟就忘记,这种记忆叫做瞬时记忆,比如刚刚过去的一个电视画面。下面我们将分别详细介绍这三种记忆的特点,然后再根据它们之间的关系介绍记忆过程中的各种现象。

我们是如何在大脑中存储信息的?

短时记忆广度:你一次最多能记住多少信息?

:相信大家一定对自己的短时记忆很好奇吧。感兴趣的同学可以两人一组跟着我做一个简单易行的实验,测试一下自己能记住多少信息,我们称之为短时记忆的广度。

下面我们做一个实验,报一些数字,一开始比较短,后面会一点点变长,

看看你能记住多少哦。

实验内容是:一个人读下面的数字,另一个人努力记住所听到的数字,听完后按听到的顺序将数字写出来,看看最多能正确记住几个数字。念的过程中数字的位数会从少到多,记的人要等念完一串数字后才能动手将自己记住的按顺序写下来。每两串长度一样的数字都能记得正确无误才能进行下一步实验,直到这个人对某一长度数字不能完全记住为止。

3—7—6
9—2—4
6—4—8—3
7—5—6—9
6—3—1—2—8
7—8—5—6—2
4—5—6—3—8—1
8—6—3—7—5—2
6—8—9—2—5—2—3
3—9—4—3—5—8—6
……………………

(同学们可以自己补充下去,但要保证是位数逐渐增加的随机数字)

你记住了多少数字?大部分人都能记住7个左右数字。美国心理学家乔治·米勒经过7年的反复测定,在一篇题为《奇妙的数字:7±2》的论文里提出正常成年人记忆广度的平均数是7±2,这个数值具有相对稳定性,得到了国际上的公认。

记忆广度的发现也很具应用价值。我们在平常记电话号码的时候并不是像我们上面念数字那样每念一个停一秒钟,而经常是将电话号码分成两部分来记。比如,要记住52687871这个号码,我们在心里默念的时候通常是念了前四个数字后稍微停顿一下再念后四个数字(即5268—7871),也就是将它分为两组来记。这样记住8个数字是不成问题的,这是不是说我们的短时记忆广度平均不止7个数呢?米勒在后来的实验中又发现,短时记忆的容量大小不是由记忆材料的数量决定,而是由材料的意义单位决定,如

2471530121987 是一长串数字,远超过 7 个数字的限制,但如果赋予这些数字意义,分解成 24(小时)—7(一星期)—15(半个月)—30(一个月)—12(一年)—1987(年),然后再记这一长串数字就比较容易。米勒称此种意义单位为"组块",因此所谓的 7±2 并不是指人们只能一下子记住 7 个左右的数字或字母,而是指 7±2 个组块。下面,我们来做个小练习,看看这几个词看一遍你能记住多少:

　　北京　上海　天津　重庆　电视机　电冰箱
　　录音机　洗衣机　欣喜　愤怒　悲哀　快乐

　　总共 12 个词,一个一个地记肯定超出我们的短时记忆容量。但是不管怎样,你应该可以记住 7 个以上。这是为什么呢?其实我们的短时记忆就像一个分成 7 格左右的柜子(米勒所说的"组块"),每一格只能放一件物品,如果你能把几样东西打包放进同一个格子,你就可以放更多的物品。上面的 12 个词很明显可以分成三类,第一类是地名,第二类是家用电器,第三类是喜怒哀乐的情绪表现。而且第一类中的上海、北京、天津和重庆是中国的 4 个直辖市,你只要记住"直辖市"这个词就可以,仅占用柜子的一格。

　　如果这些词是属于不同类别,那就可能增加记忆的负担。我们来看看下面这些词,你看了一遍能想起多少:

　　沙漠　数学　灯泡　深刻　网络　天空　情感　成就　日记　电梯

　　你会发现要记住这 10 个词比记前面的 12 个词来得吃力,这是因为它们之间没有多大的联系,你不能将它们打包存放。这就是米勒发现的短时记忆的特点:虽然容量只有 7 个组块左右,但是如果你善于组织存放,你可以放得更多。不过这种组织还是有一定的限制,经验表明,如果每一个记忆组块包含 3—4 个项目,我们一般只能记住 4 个左右这样的组块。

长时记忆是不是无限的?

　　回到上面的例子。如果你是一个外国人,你不知道北京、上海、天津、重庆是中国的直辖市,那么就不太可能将它们都记住。我们可以从中得到启示:如果我们知道的越多,知识越丰富,那记忆就越轻松。其实短时记忆与长时记忆是双向沟通的,短时记忆能够调用长时记忆的知识来帮助记忆。也就是说如果我们的长时记忆存储丰富的话,将有助于短时记忆的打包保存。

实际上，我们上面讲到的很多例子都与长时记忆有关。短时记忆自己是不会给材料附上意义的，所谓的意义都是来自长时记忆中的知识存储。短时记忆就相当于人这个大工厂的一个重要车间，这个车间里的工人从瞬时记忆中选取出材料，按照从长时记忆中拿来的图纸对这些材料进行加工，加工完以后就分类堆放在长时记忆里。

我们知道短时记忆保持的时间是一分钟以内，而长时记忆的保持时间超过一分钟，可能是一小时、一天、一个月甚至一生。有人甚至认为进入长时记忆的内容除非出现特殊事故，如脑损伤（电影《记忆碎片》中的男主角就是由于脑损伤只能记得刚刚发生的事），否则是永远不会忘记的。这一点显然与我们的经验有点距离，在日常生活中我们发现，不管一个人的记忆力有多好，他总有忘事的时候。有临床实验研究表明：当我们在记忆某些事情时，我们的大脑皮层的某一部位或某些相关组织发生了永久性的变化。

脑损伤会影响人的长时记忆，电影《记忆碎片》中的男主角只能记得刚刚发生的事情

聊一聊

遗忘与记起

一个关于长时记忆的很著名的例子是加拿大神经外科医生潘菲尔德（Wilder Penfield）在1936年的发现。他给一位十几岁的患癫痫症的女孩实施开颅手术，用微电极刺激大脑的不同皮层，当刺激到大脑某一部位时，女孩发出了恐怖的尖叫，手术激发她回想起童年时期发生的一件可怕的事情，而且仿佛又置身于当时的那种情景，女孩忍不住喊叫起来。

生活中我们也会碰到类似的情况。有时你突然怎么也想不起一件事情，然而一次你到某个地方，参加了某个活动，碰见了某人，只要这个场合中有某些东西与先前"忘记了"的事件有一定联系，你可能就会想起来。这些有联系的东西就好像是记忆的线索。其实，能够回忆出来就表明我们还没有彻底忘记。那么，是不是一旦记住的东西就真的永远不会忘记呢？我们会在下面的内容中讨论这个问题。

谈到长时记忆的保存时间,可能你会关注这样一个问题:如果我们所记忆的内容都在大脑里留下痕迹,那么大脑的存储空间是不是有一天会耗尽?由此牵涉到一个问题:记忆能否长久保存跟我们的大脑容量是否有关?其实,很早就有人提出这样的观点,认为我们只开发了人脑10%的资源。这种观点值得推敲,人脑还有90%没有利用的观点是不能单纯从句子的表面来理解的。不过我们得承认一点,我们的记忆力还没有开发殆尽。我们的大脑能装下的东西确实是出乎我们的意料的。有位数学家估计大脑的容量大于10^{11}字节,这相当于一个90 GB的硬盘,如果只是输入文字的话,估计也能装下几百万本图书。

: 既然记忆容量这么大,我们可能还没有完全利用它,但为什么我们还是会遗忘呢?这就得了解我们是怎么在大脑里存放知识的。

英国心理学家**巴特利特**(Bartlett)用故事和图画等有意义的材料来进行研究,发现人们能够回忆起来的内容与他们起先记的内容有一定的差异。比如,他做了这样一个实验,给几个英国学生讲一个北美印第安民间故事,15—30分钟后让他们写下他们能记住的故事内容,结果发现学生写下来的故事比原文短,有点像摘要。由此可见,我们记住的不是原原本本的内容,而只是按照它的意义来记。你可以试着做下面一个简单的实验。首先,请仔细看一遍下面的一串词:

糖果、快捷、良好、滋味、迅速、味道、饼干、
苦味、优美、蜂蜜、果冻、馅饼、白糖

现在请不要回头看上面的词,辨别下面3个词是否是你在上面看到过的:**滋味、快速、甜蜜**。

许多人都十分肯定地说,甜蜜一词出现过。但事实上,前面的13个词中并没有包含这个词。为什么会出现这种结果呢?我们仔细分析一下前面的

词就不难看出,其中有好几个词在意义上与甜有关系。这证明我们的长时记忆是按照意义来保存的,意义上的混乱可能就是造成遗忘的原因之一。

到现在为止,我们所讨论的都是长时记忆对语言文字的记忆,其实,生活中我们还有很多与长时记忆有关的切身体验。如看完一场电影后,隔个三五天,故事情节依然印象深刻;参加过的生日宴会总是历历在目;一次奇异的旅行让你终身难以忘怀等等。这些与我们上面讲的语言文字的记忆有很大的不同。由此,我们可以得出这样的结论:记忆是一种复杂的现象,想要用一种理论来解释所有的记忆现象是不可能的。关于长时记忆,我想我们已经讲了很多,也该换换口味了。

瞬时记忆:察觉不到的美妙一瞬

瞬时记忆,这个名词本身就告诉我们这是一种时间很短的记忆,短到什么程度呢?可以说我们几乎没有意识到它的存在。相比而言,由于瞬时记忆的保持时间十分短暂,不是很容易就能察觉到,需要精心设计实验才能发现。

瞬时记忆是通过感觉通道,如视觉通道、听觉通道等来暂留信息,这些信息保留的时间都极其短暂。

 **实验小揭秘**

1960年,还在读研究生的乔治·斯伯林(George Sperling)做了一个关于记忆的实验,他的实验说明,在短时记忆之前还有一种非常短暂的记忆,这种记忆的保持时间不超过0.5秒,这就是瞬时记忆。乔治·斯伯林告诉了我们瞬时记忆保持的时间,但却没有告诉我们瞬时记忆的容量。现在,心理学家普遍认为瞬时记忆的容量很大,以视觉为例,目之所及就是我们视觉的瞬时记忆容量。相对而言,听觉的瞬时记忆容量会比较小。瞬时记忆的保持时间也会受到不同感官性质的影响,比如,视觉的瞬时记忆时间不超过0.5秒,听觉的瞬时记忆时间是2秒左右,所以你会很快忘记和你擦肩而过的一个陌生人的脸,如果有人跟你说一句你不懂的外国话,等你听完这句话基本上已经忘了他是怎么说的,因为瞬时记忆保持的时间实在是太短了。

那么，瞬时记忆到底有什么用处呢？你现在可能正坐在靠椅上，眼睛不自觉地扫描着每一行字。你知道我在向你讲些什么，同时你也能隐隐约约感觉到周围的动静。你听得见翻书的声音，你感觉得到靠椅的舒适，你还能估计今天的温度跟昨天差不多……所有这些感觉在你看书时都是存在的，只是你在书上投入了更多的注意力而几乎没有意识到它们。但是如果有人突然推门进来，你可能会不自觉地抬起头，停下看手中的书。这说明你随时都能意识到周围的变化，瞬时记忆的作用就在于它暂时保存了所有你接收到的感官刺激以供你选择，因此瞬时记忆也被称为感觉登记。我们需要它，因为判断周围环境对我们的刺激哪些是重要的、哪些是次要的并选择对我们有意义的刺激需要时间，而且这段时间不能太长，否则，我们就可能丢失接下来更重要的刺激。

➤艾宾浩斯遗忘曲线

谈到记忆，不得不提到的一个人就是德国心理学家**艾宾浩斯**(Ebbinghaus)。他在一百年前做的记忆研究到现在还有很大的影响。他发现了记忆的规律，并据此制定了"遗忘曲线"。

德国心理学家艾宾浩斯(1886—1979)，记忆研究的先驱

遗忘曲线

这个遗忘曲线图说明了什么呢？

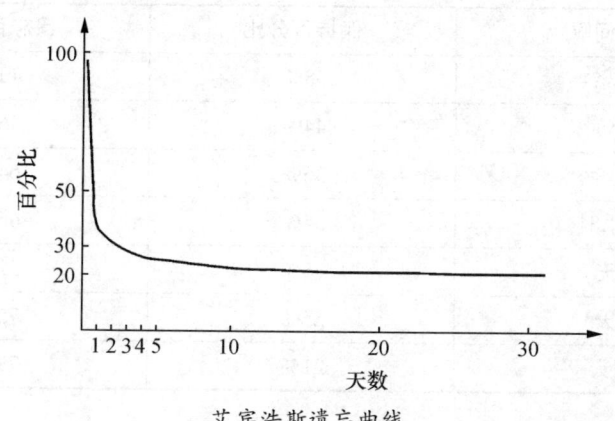

艾宾浩斯遗忘曲线

图中竖轴表示学习中记住的知识比率,横轴表示时间(天数),曲线表示记忆量变化的规律。艾宾浩斯自己总结了如下三条规律:1. 大多数遗忘出现在学习后一小时之内;2. 遗忘的速度不是恒定的,而是先快后慢,最后逐渐稳定下来;3. 重新学习要比第一次学习容易。我们还是先看看艾宾浩斯到底是怎么做的实验,然后再分析一下这一发现是否可靠。

 **实验小揭秘**

19世纪末20世纪初,人们对记忆的了解仅仅来源于经验,真正用科学的方法来研究记忆的,艾宾浩斯是第一人,也可以说是艾宾浩斯开辟了记忆的科学研究。他当时面对的问题是怎么才能确保实验用的记忆材料是研究对象以前从来没有接触过的,因为只有全新的记忆材料才能保证实验所测量的是人们的记忆,而不受知识水平或其他能力的影响。为了解决这个问题,艾宾浩斯创造了一些无意义的音节作为实验的记忆材料,如 zup、rif、bik 等,这些都是人们生活中不会用到的字母组合,不具有任何意义,但是都由两个辅音与一个元音组成,可以拼读出发音。

艾宾浩斯用这样的记忆材料,以自己为被试进行了大量的研究,得到了不同时间间隔记忆所保持的记忆材料的百分比,下面的表列出了这个实验的一部分数据,仔细观察我们会发现:遗忘的速度是非常快的:学习结束后不到一小时,近一半的内容已经想不起来;一天过后,遗忘的速度逐渐慢下来,而到了第二天,能想起来的基本上就不大会忘记了。

时间间隔	保持百分比	遗忘百分比
20 分钟	58%	42%
1 小时	44%	56%
8 小时	36%	64%
24 小时	34%	66%
2 天	28%	72%
6 天	25%	75%
31 天	21%	79%

第四章 如影随形——记忆与遗忘

在大量的实验数据基础上，艾宾浩斯于1885年出版了《记忆》一书，详尽介绍了他的发现，这在当时产生了极大的影响。艾宾浩斯之后，许多人用不同的学习材料做过类似的实验，具体的数据肯定有差异，不过基本的趋势还是相差无几。但随着时间推移，科学家们越来越关注一些更细节的东西，他们发现除了学习外语刚开始可能像艾宾浩斯所说的那样忘得快之外，学习其他有意义的材料过后的回忆成绩都比艾宾浩斯所说的要好。而像骑自行车这类动作技能，一旦掌握后一般都不大会忘记。这一点大家都有深刻体会。显然，艾宾浩斯的研究发现并不全面，不能涵盖记忆的方方面面。

聊一聊

活学活用"遗忘曲线"

艾宾浩斯发现的记忆规律对我们的学习有很大启示。根据遗忘曲线，我们可以按照不同的时间间隔安排复习计划，比如刚学习过的材料第一次复习放在一两个小时后，第二次复习放在一天后，第三次复习放在三天后，以此类推，复习的时间间隔越来越长。

当然记忆能力存在个体差异，千篇一律的编排显然不能针对个人特点获得最佳的效率。不过，如果你知道了艾宾浩斯的遗忘曲线，你大致能为自己设计一个更为灵活的学习时间计划表。

记忆效果受记忆顺序的影响？

在学习过程中，许多同学都会发现，一篇文章里面开头部分和结尾部分总是让人印象深刻，而中间部分经常会被忘记。甚至在我们看电影、电视剧，听歌的时候也会出现这样的情况。我们不禁要问，记忆的先后顺序是否会影响记忆的效果呢？

为了解答这个问题，研究者做了这样一个实验：先让参加实验者按一定顺序学习一系列的单词，然后让他们自由回忆，也就是说，不必按照他们学习的顺序回忆出来，想到哪个单词就说出哪个单词。结果发现，最先学习的和最后学习的单词回忆成绩较好，而中间部分的单词回忆成绩较差。这个在严格的实验控制下产生的结果被心理学家广泛接受了，并把这种现象称为**系列**

位置效应。

我们可以用以下这条曲线来描绘这种效应。开始部分较好的记忆成绩称为**首因效应**,结尾部分较优的记忆成绩称为**近因效应**。从图中我们可以看到,末尾部分记住的量比开始部分要多,这是因为末尾部分是我们最近记忆的部分,还没有经过时间的考验。可开始部分记得最早,却也还没有遗忘,这又是什么原因呢?这是因为末尾部分的记忆机制与开始部分的记忆机制并不相同。首因效应本质上是一种优先效应,当我们遇到不同的信息时,总是倾向于重视前面的信息。

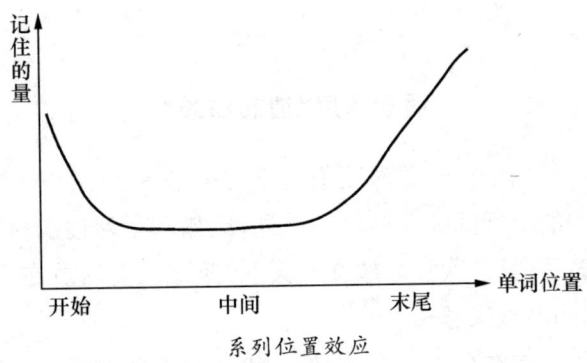

系列位置效应

人际交往中的记忆效应

当然,记忆效应不仅对学习时的记忆过程起作用,还被扩展到社会心理学领域,对人际交往也发挥着重要作用。拿生活中的例子来说,某人在初次会面时给人留下了良好的印象,这种"好"印象会在很长时间内影响旁人对他以后的一系列心理和行为特征的解读。这就是人际交往中的"首因效应"。正是由于首因效应的存在,在社交中人们都力争带给他人良好的第一印象。

相对的,人际交往中的"近因效应"指的是最后的印象对人的认知造成的重要影响。比如一位多年未见的朋友,当再次碰面时你对他的印象形成会很大程度上依赖于他最后一次带给你的印象。类似的例子还很多,能够在生活中有效地运用记忆效应,对于促进自己和他人的社会交往是十分有益的。

第四章 如影随形——记忆与遗忘

聊一聊

活学活用"记忆规律"

记忆的系列位置效应对我们有什么启示呢？至少有两点是我们可以从中获益的。

第一，学习的时候，应该不断变换学习的起始位置。比如在背单词时，不要每次都是从起始读到末尾，有时也应该从中间部分开始背起，这样才不至于只记得开始部分和结尾部分。

第二，学习的过程中留下一点时间间隔可以加强记忆的效果，特别是完成了某一部分内容的学习任务后应该留出5—10分钟的时间来休息，这样可以巩固已经学习过的内容，同时也不至于因太疲劳而影响下面的学习。休息的时间也不能太长，最好不要超过15分钟，否则会精神涣散而无心学习。

：过往的记忆会变得模糊，记住的知识会想不起来，遗忘是如何悄然发生的？

➤ 人为什么会遗忘

"记忆"和"遗忘"就像一个硬币的两面。我们在不断地记忆新的事物，却也在不知不觉中遗忘了很多。大家一定有过这些经历：

花了很多时间复习功课，但是合上书以后感觉就像没看过一样，过几天再看一遍发现很多就像没学过；

你想告诉别人什么事情，但是话到嘴边却突然想不起来了，使劲拍脑袋也无济于事，别提有多懊恼；

晚会上,主人向你介绍其他客人,互相寒暄了几句,等你转一圈回来再看到他时却发现想不起他的名字。

几乎"记忆"所及之处,都有"遗忘"的身影,只不过一个受人欢迎,一个惹人烦恼。前面我们已经详细介绍了记忆的过程,心理学家们对遗忘的过程也很感兴趣,下面我们就从心理学的角度来看看遗忘究竟是怎么回事。

遗忘不可避免,于是我们不禁要问,为什么会发生遗忘这一现象?

记忆是基于我们的大脑,所以遗忘自然也与我们大脑的神经生理变化有关,这是谁都不能否认的。但是要具体地谈遗忘与大脑哪个部位有关,就主要是神经生理学家的工作。到目前为止,神经生理学家也只发现了什么物质能够增强记忆以及哪些部位与我们的记忆有密切的联系,这些发现都是从整个记忆过程的角度来看,它能够对一些病理性的记忆缺陷作出解释,但还不能对我们的个别的记忆现象作出解释。尽管如此,心理学家也从不同的视角针对遗忘给出了一些不同的解释。

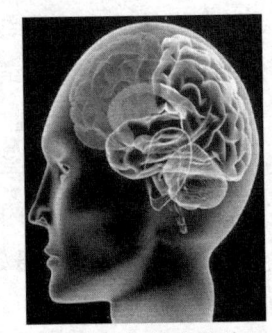

遗忘与大脑的神经生理变化有关

解答一:遗忘是记忆的痕迹慢慢消退的过程

在日常生活中,如果有人向你提及某件事情,而你却什么都想不起来,你可能会这样说:"那一定是老早以前的事情了吧?我早就忘了",也就是说,我们在不知不觉中已经持有这样的观念:时间一长,就会忘事。这就是**记忆消退说**的观点,而且这种观点似乎也合情合理。从适应的角度来看,这有点像是进化生物学所说的"用进废退",即我们长时间不用的技能会退化。记忆也可能是这样,刚记住的内容在我们的大脑里留下了记忆痕迹,随着时间的延长,这个痕迹会慢慢地消退,如果长时间不再复习,就可能完全消失,为新学习的内容腾出空间。其实,前面我们谈到的艾宾浩斯的记忆规律,也叫遗忘规律,就是记忆消退说的一种证据。

解答二：遗忘是由于没有可以依赖的线索

　　生活中我们经常会有这样的体验：遇见一个熟人，正想跟他打个招呼，却突然说不出他的名字了，好像就在嘴边，却怎么也想不起来，如果把这个人的名字和其他人的名字放在一起，你就可以很快从中分辨出来。这种现象在心理学上称为"舌尖现象"，它说明我们的大脑里可能确实存在某些东西，这些东西我们一时不能回忆出来。现实生活中还有这样的例子，在你离开一个地方后，比如学校，你可能会逐渐淡忘了在这里发生的种种事情，不过一旦你再次回到这个环境，往事说不定会像波涛般汹涌地撞击你的每一根神经，你感觉自己仿佛又回到了那消逝已久的快乐时光。这就是很多老人喜欢寻访自己过去曾经生活过的地方的原因。

　　一种广为接受的观点认为遗忘主要是因为我们找不到回忆的线索。对记忆的内容而言，记忆过程发生的时间、地点，包括你当时的心情，以及与这些内容有关联的东西都构成了以后回忆这些内容的线索。你在回忆时，如果一时想不起来，可以通过这些线索回忆出来。前面我们提到，你回到了以前生活、学习过的地方就会不自觉地想起那时发生的许多事情，你来到的这个地方就构成了你回忆的线索，所有与它有关的内容在此时此地都变得呼之即来。

　　同学们可以仔细回想一下，生活中就有很多这样的例子。你想不起来某件事情，先放在一边，不去想它，过一段时间你居然想起来了，你是怎么想起来的呢？很多情况下都是因为你先想到了别的事情，然后再由这一事情联想到原先的事情。

解答三：遗忘是由记忆内容相互干扰所引起的

　　记忆消退说虽然合乎我们的常识，但却未必完全正确。学习之后所间隔的时间不是遗忘与否的唯一决定因素。我们都知道，有一些技能，如骑自行车，一旦掌握了，即使几年没有练习也不会忘记。还有些跟我们自身有关的经历，如童年时代都发生了什么事情，虽是经年累月，对我们而言仍然还是历历在目。不过，如果我问你上周一中午或者前天中午吃了什么，你可能想不起来，这与记忆的干扰有一点关系。因为我们每天都要吃饭，在同样的时段、同样的地点，吃饭的次数实在太多，这些同样的经历相互干扰，我们就回忆不起来到底哪天吃了什么。

聊一聊

前摄抑制与后摄抑制

　　心理学家曾做过一个实验,发现如果两次学习的时间靠得比较近的话,先前学习和记忆的材料会对之后学习和记忆的材料产生干扰,我们称之为**前摄抑制**;反过来,后学的内容也会对之前学习的内容产生干扰,这叫做**后摄抑制**。根据这个实验结果,我们再回头看看前一章谈到的第二个记忆规律:最先记忆的部分和最后记忆的部分印象最深刻。这种现象很容易用干扰说来解释。最先学习的部分只受到中间部分的后摄抑制,最后学习的部分只受到中间部分的前摄抑制,而中间部分则同时受到前面部分和后面部分的干扰,可以说是两面夹击,所以回忆成绩最差。我们可以用下面一张图来表示干扰的方向:

　　进一步的研究还发现,前后干扰跟学习材料的相似程度有关。前后学习的材料越是相似,干扰越大,学习的效果越差。学习的材料差异越大,干扰越小,学习的效果越好。我们可以把这一点发现用于合理安排学习计划或者课程表。最佳的学习计划应该尽量避免相继学习两种相似的内容,比如我们可以文理科交错进行复习,而不是花一整天时间来背诵英文单词。另外,先前学习的内容如果我们已经很熟悉了,那么它对后面的干扰不会很大。不熟悉的材料和熟悉的材料间隔学习,除了减少干扰之外,也能减轻我们大脑的负担,学习效果也会相对好一点。

　　关于遗忘的原因我们就谈到这里,有一点需要强调一下,以上的不同观点不一定是相矛盾的,它们反映的是不同的心理学家的不同视角,它们对我们理解发生在自己身上的神秘现象都有一定的帮助。列举这么多不同的观点也是希望有助于大家从各种角度探查心理世界。

第四章 如影随形——记忆与遗忘

：如果遗忘是普遍存在的，那么有没有什么人更容易发生遗忘呢？

：我觉得是老人，因为"老来多健忘"啊。不过小孩子好像也记不住事情。

：说得对，下面我们看更具体的解释吧。

▶ 遗忘也是有规律可循的

年纪越大，忘得越快？

我们常常会看见一些长辈们想不起来什么事情时，就拍拍自己的脑袋，叹了口气说"唉，老了"。在我们的常识中，似乎年纪与记忆力有很大的关系，真实的情况是不是这样呢？

很早以前，科学家一直认为，从我们一出生，脑细胞便是一个定数，不会再增加，到了二十几岁以后，大脑细胞就以每天十万个左右的速度开始死亡，估计到了八十岁时，我们的大脑细胞只有原来的50%左右了。如果真是这样，就不难解释为什么我们的记忆力会越来越差了。不过最近又有新的发现，据说脑细胞并不像原来想象的那样只灭不生。看来我们有必要重新来讨论一下年纪与记忆力的关系了。

幼年阶段的记忆：三岁以前不记事

大部分幼儿在一岁时就能叫妈妈，两岁时基本上能说出完整的句子。对于儿童的学习能力、记忆能力，大概没有人会怀疑，但有一点你可能不相信：所有人长大后都不记得三岁以前发生的任何事情，心理学上把这种现象称为"幼年失忆症"。即使有人说他还记得三岁前的事情，那也是三岁以后别人告诉他的。我们的记忆也常常发生扭曲，特别是在幼年的时候，有时还会将梦中发生的事情或者从别人那里听到的故事当作是真的发生过。

心理学家很早就注意到这样一个奇怪而又矛盾的现象。按理说,幼儿的学习能力是最强的,因为他们对什么都会感到好奇,记忆力也特别好。但为什么我们记不住三岁以前发生的事情呢?

精神分析学派认为这是因为三岁前正是出现恋母情结或者恋父情结的时候,这段经历对儿童来说是充满心理矛盾的,儿童当时的一些想法是不合伦理的,因而长大以后这段经历会受到压抑。精神分析学家还拿出证据,证明他们让患者在催眠状态下回忆起了三岁以前的事情。但是,这种证据是很值得怀疑的,催眠状态下本来

人们通常没有三岁以前的记忆,因为那时长时记忆还无法形成

就很容易受催眠师的暗示。当然,我们也不能就此一概否定催眠或者精神分析。关于这个现象,当代心理学界普遍认同的解释是,人在三岁以前负责长时记忆的大脑还没有发育完善。

学龄阶段的记忆:机械记忆为主

我们都知道儿童的记忆力很好,那么好在什么地方呢?十岁左右的儿童能够毫不费力地将一段他不理解的课文背下来,成人就很难做到。但在我们看来,儿童的这种记忆只能算是死记硬背,心理学上称之为**机械记忆**。这是很自然的事情,儿童本来懂的东西就不多,要求他们什么都理解了再记是不现实的。

儿童的记忆力是不应受到怀疑的,但是他们所记忆的内容是不是就不会忘记呢?事实上,许多小时候我们背过、到现在还记得的内容都是我们当时已经理解或者

儿童的记忆以机械记忆为主

后来理解了的内容,其他我们不理解的东西大多还是忘了。儿童与成年人的不同就在于他们能够在不理解的时候先记住,然后慢慢理解。

如果说学龄阶段的儿童经常采用机械式的记忆,那么,我们是什么时候开始进行理解记忆的?心理学将在理解基础上的记忆称做意义记忆。现代心理学认为儿童在很小的时候已经能够理解并接受一些事情了,随着年龄的增长,能够理解的越来越多,对他们的教育应该以此为出发点,在每一个年龄段里选择那些他们能够理解的内容教给他们。

青少年到成年期的记忆:记忆的高峰期

我们说儿童的记忆力很好,这只是单纯从记忆的能力出发,儿童最后真正能够理解并长久保存的内容并不是很多,而且,儿童期的记忆任务也相对较少。有人做过计算,发现在同样长的学习时间里,高中生要记住的学习材料是初中生的两倍、小学生的四倍。从人的一生来看,记忆量最多的时期也就是青少年到成年期。这一时期,记忆力还没有滑坡的迹象,而且要学习的东西很多,再加上思维能力已经发展得比较完善,即使他们的记忆力不及儿童,他们的思维能力、知识面、经验等都能弥补记忆力的不足。我们前面提到利用已有的知识可以帮助记住新的内容,这一点到了青春期以后就特别明显,很多青少年都能有意识地、自觉地加以运用,而儿童往往只停留在要记住什么就背什么的层面。所以,思维能力的完全发展对于本来记忆力就不错的青少年而言更是如虎添翼了。另外,这个阶段的外界干扰也相对成年期中期或者后期少,能够潜心学习研究。因而,这一阶段的学习积累成为我们今后能否进一步发展、向哪个方向发展的决定因素。可以说,这一阶段是极其重要的,每个人都应该好好把握、好好利用,不要白白浪费自己的最佳学习时间。

老年人的记忆:经验弥补记忆不足

一谈到老年人,很多人会以为我们的话题会被悲观无助笼罩住。事实上,在看待老年人的时候,我们常常会犯以偏概全的错误。比如说,有些病是老年人特有的,如老年痴呆症,但这种病的发病率并不是很高,65岁以上的老年人100个之中平均也只有六七个人得这种病,但我们常常会认为人上了年纪都会患老年痴呆症。对老年人的记忆力,我们也难免会犯这样的错误。实际上,老年人记忆的衰退主要表现在吸收新的信息上,不过一些知识或者技

能他们一旦学会了,也能像年轻人一样不会轻易遗忘。而老年人本来就见识广博,知识、经验丰富,这些对于他们的记忆也是有帮助的。

另一个对老年人记忆力衰退提出反驳的证据是,虽然老年人经常忘记最近发生的事情,可是他们对于很久以前的事情仍然印象深刻。总的来说,老年人的记忆力有点衰退,这是不可否认的。不过,我们却不能就此贬低他们的能力,他们的生活中还有许多可以弥补记忆力的东西,他们的思维能力、创造能力等都没有很明显的衰退。很多人上了年纪仍然取得了巨大成就,如丘吉尔60岁时成为蜚声世界的人物,66岁首次被任命为英国首相;歌德在他80岁时完成了巨著《浮士德》。可见,年轻人有青春的资本,而老年人则拥有丰富的经验和阅历,仍然能够老有所为。

:小卡,前面说了这么多关于遗忘的话题,可不是给你找借口的。对遗忘了解得越多我们也就越能找到更符合规律的记忆方法。

:明白明白。牛博士,能不能再多说点记忆方法让我更好、更快地记住?特别是最好能尽量少复习点。

:哎!你就知道偷懒。

其实我们在前面已经谈到不少记忆的有趣现象,如艾宾浩斯的遗忘曲线、记忆的系列位置效应、幼年失忆症等等。心理学家们做了大量与记忆有关的研究,很多研究结果都给我们的生活、学习以很大的启迪,或者解释了我们长久以来都不了解的现象。就给你说点有意思的记忆现象,你应该能从里面得到启发。

第四章 如影随形——记忆与遗忘

➤ 有趣的记忆现象

在接下来的篇幅里,我们再来分享一些心理学家发现的有趣的记忆现象。

记忆的场合依存性

在解释我们为什么会遗忘的时候,我们曾谈到线索的重要性,环境是我们回忆的一个重要线索,很多情况下,你回忆不起的事情,只要回到事件发生的情景,你又会想起来。心理学家做过这样的实验:让两组人在两个不同的房间里学习同样一份材料,学习完成以后,让每一组人中的一半留在原来的房间做测验,另一半到另一组人学习的房间去做测验,结果发现留在原来房间参加测验的人平均成绩都好于去另一个房间做测

如果学习的环境和回忆的环境是同一个,将会有助于回忆

验的人。心理学上把这种现象叫做**记忆的场合依存性**,这个实验证明环境对我们的学习是有影响的。这提示我们,如果可能的话,选择考场作为自己平时学习的教室,将有助于考试的发挥,因为我们会更容易从大脑中提取学习过的知识。

除了外界环境的变化会影响我们对原来学习内容的回忆外,我们身体状态的改变也会影响我们的回忆。我们的身体状态就是我们学习的内部环境。心理学家发现,如果回忆时的身体状态与学习时是一样的,回忆效果会大增。比如,心情愉快的时候学习,回忆时心情也很愉快,那么回忆的成绩会比在其他状态下(如悲伤)好。同样的道理,喝醉酒的时候记住的东西,在酒醉的时候回忆效果最佳。虽然我们很难完全控制自己的状态,但利用这个规律尽量调整自己的学习状态,对于改善学习效果也会有一定的积极意义。

记忆的最佳效果:掌握150%

我们在背诵或者记忆某些学习材料的时候,常常是背到刚刚能够回忆出

来为止,以为自己差不多已经记住了,其实,隔不了多长时间又会忘记许多内容。艾宾浩斯的遗忘曲线告诉我们,学习过后还要不断地复习。那么复习到什么程度才不会忘记呢?有没有什么方法可以让我们记住以后不会再遗忘?心理学家发现,如果你对所学习材料进行记忆以后能再继续复习几遍就不大会遗忘了。一般来讲,如果你学习了10遍才记住材料的话,那么再学习5遍就不容易忘记了。也就是说,学习的程度达到150%时效果最佳。同学们如果还没有养成定期复习的习惯的话,可以试试这个方法。

记忆的自我参照效应

我们在学习新知识的时候,常常会将这些知识与自己联系起来。医学院的学生常常碰到这种情况,每当老师介绍一种病症的时候,学生总免不了会先想想自己是否出现过类似的症状,如果不巧有两三点看似符合,就开始惊慌,怀疑自己是否已经病入膏肓,其实一点事都没有,有人把这种现象叫做医学院学生综合征。我们在学习新东西的时候也常常是这样,如果学到的东西与我们自身有密切关系的话,学习的时候就有动力,而且不容易忘记。因为我们在回忆有关自己的事情时,最不可能出现遗忘,我们把这种现象称为记忆的**自我参照效应**。大家可以尝试下面的这个实验:

首先准备三张空白的纸。

在第一张纸的左边按顺序标上1—20,在其中的奇数(1、3、5、7……)旁边写上你最熟悉的人的名字,偶数旁边写上下面的名字:2.赵雁飞,4.钱靖宜,6.孙笑梅,8.李伟民,10.周桂平,12.吴一鸣,14.陈晓东,16.王元生,18.刘海波,20.张学智。

在第二张纸上按1—20的顺序写下20个词,你的任务就是用这20个词和跟它们对应的数字相同的第一张纸上的数字所对应的名字造句,并写下来。举个例子,如果第一个名字是朱建平,对应的第一个词汇是电冰箱,你可以组成这样的句子:朱建平打开电冰箱,拿出一瓶可乐。第二张纸上有以下20个词汇:1.苹果,2.地图,3.相片,4.厨房,5.椅子,6.自行车,7.图书馆,8.外衣,9.饼干,10.汽车,11.足球,12.香皂,13.电脑,14.喜鹊,15.铅笔,16.书包,17.泥巴,18.水牛,19.衬衫,20.电话,请开始造句。

完成以后休息5分钟,尽量不要去想上面的内容。现在,请将前面两张纸

拿开,先不看它们,在第三张纸上写上你所记得的词,不必按顺序。直到不能想起来为止,再看第一张纸,写下你这时想得起来的词。

一般来讲,不看第一张纸,你能回忆出50%左右与你自己写上的名字对应的词(也就是奇数词),但只能会忆出不到30%的与实验已经提供的名字对应的词(偶数词汇)。如果是看第一张纸回忆,那么奇数词你能回忆出60%左右,偶数词却只能回忆出20%左右。

记忆的参照效应除了在我们的日常生活和学习中可以碰到之外,也可用在广告中。有这样一个研究,让被试看一则照相机的图片广告,然后分别问三组人三个不同的问题:这张图片有没有红色、这是什么、你用过这种产品吗。过后,让被试回忆照相机的牌子,结果被问过第三个问题的人回忆得最好。很显然,这是因为第三个问题与我们自身有直接的联系。

自我参照现象可以认为是记忆线索的问题。我们自身就是一个很丰富的线索资源库,不借助外面的线索,我们也能很容易地将要记住的内容与自己联系起来。我们应该在记忆的时候好好地利用这些线索。

闪光灯记忆:不随时间消逝

如果问你,去年的今天你在哪里、正在做什么?通常你都答不上来。但如果问你2008年5月12日下午你在哪里、干什么,估计你就能回想起来,因为那天发生了举国震惊的汶川大地震。这说明,我们不仅可以记住重大事件本身,还能记住得知该事件时自己身处之境和状态,比如当时自己在干什么、和谁在一起,甚至当时的情感,这就是**闪光灯记忆**。使用"闪光灯"一词是因为人们认为这类记忆活动就像照相机的闪光灯一样,能够引起持久且栩栩如生的记忆。

我们常常记得发生特殊事件时自己的处境和状态,这在心理学上叫做"闪光灯记忆"。你是否记得"5·12"汶川大地震时自己在做什么

美国心理学家做过很多这方面的调查研究。他们在肯尼迪遇刺、马丁路·德金被暗杀、挑战者号航天飞机失事后马上对一部分人进行调查,问他们知道这个消息的时候正在做什么,10年、20年甚至30年以后让他们再次回

忆时,他们仍然很清楚地记得当时的情景。请你仔细回想一下,或许你的许多经历也可以证实这种现象。

那么,为什么我们会有闪光灯记忆呢?心理学家认为,在得知重大事件的时候,个体会产生强烈的情绪生理反应,这些反应激活了大脑与情绪有关的部位,其结果就是人们记住了大量与该事件无直接关联的事情。

前瞻记忆:往前看的记忆

到现在为止,我们讲的都是对已经过去的事情的记忆,我们研究得比较多的也就是这种记忆。然而在现实生活中,我们常常需要记住的是将来要做什么事情。比如,什么时候要给某人打个电话、几点必须吃药、几点开会、哪一天要考试等等。我们把这种在某个特定时间要做某事的记忆称作**前瞻记忆**,与之相对的是我们前面讲的记忆,称为**回溯记忆**。这两种记忆有很大的不同,回溯记忆好的人,前瞻记忆不一定好,反过来也是一样。

将要做的事情记录下来,作为提醒自己的外部线索,是改善前瞻记忆的一种方式

我们前面已经讲过,对过去发生过的事情的记忆会随着时间的流逝而逐渐消退。对前瞻记忆来说,并不是离现在越远的事情越容易忘记。心理学家发现,让一个人记住一个月后要寄一封信与让他两天后去寄一封信的记忆效果是差不多的。有时我们感觉预定要做的事情离现在越远好像越不容易忘记,反而是那些马上就要做的事情容易被我们忘记。不过这也常常发生在我们埋头做事,或者有时间压力的时候,特别是在熟悉的环境中更容易出现这样的情况。有时,你要打电话给张三,因为只想着要跟他讲什么,结果却拨了李四的电话号码。有时,你可能在家里想一个问题而不知不觉从一个房间走到另一个房间却忘了自己要做什么。其实你还可能发现,我们常常忘记要做什么,而不是应该在什么时间去做这件事。在日常生活中我们常有这样的体验,你记得你要做一件事情,但就是想不起来要做什么事情。前瞻记忆也是现在很多心理学家比较感兴趣的问题。

第四章 如影随形——记忆与遗忘

聊一聊

记忆的七宗罪

我们能够相信自己的记忆吗？我们能够像翻阅照片一样在记忆中搜索出过去发生的事情的真实细节吗？事实上，由于各种各样的原因，人们的记忆会发生偏差和扭曲。心理学家丹尼尔·沙克特（Daniel L. Schacter）在他的著作《记忆的七宗罪》中历数了记忆的七大"罪状"，看这些"罪状"究竟是什么，你的记忆是否也犯过这些错。

保持短暂：有时候记忆痕迹保持的时间太过短暂，人们还没有来得及对事件进行认真思考就随风飘散了。沙克特举例说，在美国尽管很多人都知道橄榄球明星辛普森被指控杀害妻子，后来又被宣布无罪，但他们并不记得自己是如何得知他被宣判无罪的（尽管他们一度能够说得出来）。

心不在焉：有些人刚做完一件事情，马上又重做一遍，原因倒不是不满意自己第一遍的做法，而是压根忘记刚才做过这件事。比如有些人明明刷过牙又去刷一次，或者明明戴着眼镜还在找眼镜。

阻断：有时我们明明觉得自己记得什么事情，可就是回忆不起来，这也就是我们前面提过的"舌尖现象"。

张冠李戴：人们经常记不住是在哪儿听过他们听说的事情，或者在哪儿读到他们阅读过的东西。有时，人们会认为他们看见了自己并没有见过的东西，或者听见了他们并没有听到的事情。

易受暗示：人们很容易接受暗示。如果你告诉一个人，说他应该见过谁，那个人就可能真的觉得自己见过谁。

偏见：人们对过去的回忆常常产生偏见。当你和一个朋友吵架的时候，你会更多地想起他对你做过的坏事，而忘记他对你好的地方，只有等到你和他言归于好时，才想起来他的种种好处。

固执：人们常常固执地把那些其实不合理的事情当成是顺理成章的。例如，一个经常获得成功的人，遭遇了一次严重的失败，他以后可能总是容易回想起这次挫折，而不是那些成功的经历。

写给中学生的心理学(第二版)

? 考考你：

1. 你了解了哪些记忆规律？
2. 瞬时记忆、短时记忆和长时记忆各有什么特点？
3. 记忆的规律还可以应用到哪些方面？
4. 为什么会发生遗忘以及如何避免遗忘？
5. 如何看待年龄与记忆力之间的关系？
6. 如何在学习的过程中利用记忆的场合依存性？
7. 如何利用记忆的自我参照效应来增进记忆效果？

第二篇　从家庭到学校
——成长中的心理学

有人说,心理学是一个高深莫测的学科,那么心理学家们会不会有点"不食人间烟火"？其实,所有的心理学知识都是关于人的知识,心理学家们的研究也是为了更好地了解人的心理和行为规律,解决生活中的问题,从而让人们能够获得幸福。

心理学家手里总有一只神奇的魔法棒——心理学知识。不过,在日常生活中,不论做事情还是与他人交往,每个人总是或多或少地具备了一些心理学家的意识。或许你也在用着一些心理学方面的知识,只是你自己不知道而已。本篇将介绍一些生活中的心理学的知识和技巧,掌握了这些"招式"能让你更加有技巧地与人相处、更加轻松地解决生活当中的问题。

在人生的不同阶段,总会或多或少有一些烦恼。因此,在进入每一章的学习之前,牛博士将会让同学们进行一个小小的角色扮演游戏,想象一下,身处不同角色的你是否也曾遇到或者将面临这些问题？你如何处理？在学习了心理学的"魔法"之后,你又会采取什么应对方法？较之前有什么改变呢？

第五章
教师手中点石成金的心理学

：小卡,你平时在哪个地方停留的时间最长呢?

：学校!还有在家里的时间也很多。

：那你想不想知道学校的老师以及家人是如何影响你的成长的?

：我当然想知道,不过除了别人的影响,我也想知道我自己平时是怎样做出判断的。

：那么我们就从下面的内容中,好好体会吧!

电影《看上去很美》讲了这样一个故事:小主人公方枪枪是一个十分聪明的孩子,3岁的他被父母送到了一个幼儿园。这个有几百个3—4岁的小朋友的幼儿园有着严厉的奖惩制度。为了得到老师的赞许和同龄人的羡慕,小朋

友们都努力遵守各种纪律,为自己争得更多的小红花。得到5朵小红花,即最多的小红花,是方枪枪最大的愿望,为此他使出了吃奶的力气,努力克服各种各样的个人习性,但他总也得不到5朵小红花。对于方枪枪来说,障碍越大,他想要得到小红花的愿望也就越大,于是他明里暗里都使着劲儿。可是,故事的最后他却对小红花失去了兴趣。

这部影片中蕴含着丰富的心理学知识。请同学们设想一下,假如你是幼儿园的老师,面对着这么多的小朋友以及像方枪枪这样的学生,你要用什么方法来更好地引导他们呢？让我们来看看老师手里有哪些可用的心理魔法！

➤ 教室墙上的小红花——强化效应

儿童时代的你我可能都曾为了获得老师的一朵小红花而开心雀跃。我们可能都有这样的记忆:幼儿园老师会把班上小朋友的名字写在教室前边墙上的一张大纸上,每当哪个小朋友表现出色,比如帮助他人、作业完成得很好,老师就会奖励他一朵小红花或者是在他的名字后面画一个五角星。一段时间(一个月/一学期)后,计算每个小朋友都得到了几朵小红花或几个五角星,并对那些名列前茅的小朋友给予表扬和奖励。你知道老师为什么这样做吗？这样做有什么效果？

幼儿园老师运用的是心理学中的强化原理。不只在幼儿园,强化作为一种引导学习的方式,几乎一直伴随在我们的学校生活中,教室门前的流动红旗、走廊墙上的光荣榜、期末的优秀学生评选活动,都是对个人或者集体良好行为与表现的强化方式。强化是由行为主义心理学家斯金纳(B. F. Skinner)提出的概念,指的是"有些行为的后果使得这种行为再次出现的可能性增加了"。在最初进行研究时,斯金纳把白鼠装在一个有特殊装置特殊的箱子里,箱子里有一个杠杆,每按压一次杠杆,就会有食物出来。一开始,白鼠在无意之间触碰了杠杆,得到了食物;这让它尝到了甜头,就会更加频繁地去压杠杆,以不断地获取食物。这种过程就是强化,而食物就是白鼠的强化物。同

样的,对于幼儿园的小朋友来说,小红花和五角星就是强化物,每当小朋友表现得好时就能得到表扬和强化物,那么小朋友们就会更加努力地去表现得更好以获得强化物。这就是强化在教学中的运用。

强化有正负两种:正强化是在行为之后给予奖励,目的是增加行为,比如小宝宝咿呀学语,得到了妈妈的亲吻和赞扬,他就会更加起劲地学说话;而负强化也是为了增加行为,所不同的是在行为之后撤销某种厌恶刺激,比如老鼠在迅速拉动绳子时可以避免电击的折磨,因此,它很快就学会了拉绳子。

斯金纳箱

另外,如果有些后果会使某种行为的出现频率减少,这些后果便可以叫做惩罚,有些母亲给孩子断奶时在乳头上涂辣椒粉,就是这个道理。

强化的运用十分广泛,还可以用来解释一些有趣的现象,例如一些"迷信行为"。有些地区的人在干旱的季节举行某种仪式拜神求雨,是因为过去有那么一次偶然的拜神仪式之后碰巧下了场大雨,让人们误以为这是求神的结果,于是这场大雨作为一种偶然的强化物使旱季求神拜雨的活动成了一种习俗。

:牛博士,我的爸爸妈妈在家里给我设计了一套"薪酬机制",我要是学习和做家务了就给我积分,这些积分可以兑换玩游戏和看电视的时间,还可以换想要的礼物。现在我知道了,每当我得到积分就是正强化。

:小卡的反应好快。这是爸爸妈妈为了帮助你培养好的习惯而花费的心思,要好好珍惜呀。

聊一聊

用斯金纳的观点看酗酒和戒酒

根据强化原理,那些最终产生负面结果的行为得以保持,常常是由于受到即时强化的作用。我们来看看酗酒。喝酒所带来的即时的畅快是一种正强化,但同时也会出现负强化,比如使人麻木、逃避现实的烦恼,即所谓"借酒浇愁"。这样,即时的强化就影响着人的喝酒行为。如果喝酒带来了痛苦的结果,如生病、人际关系受损、经济损失等,酗酒者可能就会做出所谓自我控制的行为——戒酒。这种自我控制的行为是否可以得以保持,要依赖于戒酒结果的强化作用和负面结果的发展状况。如果戒酒后情况没有改善(缺乏强化)或者实在没有其他办法来摆脱烦恼,戒了酒的人可能又会沉湎于喝酒。

:当我们思考自己是什么样的人时,常常会参考身边的人给我们的反馈,他们的评价会影响我们对于自己的定义,从而影响到我们的行为方式。你可以往下看:

➤ 说你行,你就行——教师的期望效应

心理学家曾做过这样一个研究:他们去到一所小学,在1—6年级中各选3个班级,并告知老师说他们要在学生当中进行一次"发展测验"。心理学家在一个班级里随便走了几趟后,就在学生的名单上圈出了几个名字,并以赞美的口吻告诉他们的老师,这几个学生的智商非常高,很聪明。8个月后,他们又来到这所学校。"奇迹"发生了:当时被他们称赞"智商高"的学生成绩都有了显著进步,而且性格开朗、敢于发表意见,与老师的关系也相当融洽。这时,心理学家才对老师说,其实自己对这些学生一点也不了解,也没做过什么所谓的"发展测验"。老师们很是吃惊!

为什么会出现这种现象呢？

事实上，这是心理学家进行的一次期望实验。心理学家提供给教师的所谓"高智商"名单是随机抽取的。由于心理学家在教师心中有很高的权威，老师对他们说的话深信不疑，因而对心理学家所指出的那些"高智商"的孩子给予了很高的期望；这些孩子也感受到了教师的这份期望，认为自己是优秀的，从而提高了自信心和对自己的要求，在行动上不知不觉地更加努力，最终真的成为优秀的学生。

这个令人惊叹的实验证明了著名的"期望效应"，又称"罗森塔尔效应"。心理学家罗森塔尔最早在老鼠身上发现了这个现象，他把一群小白鼠随机地分成两组：A组和B组，并且告诉A组的饲养员说，这一组的老鼠非常聪明；同时又告诉B组的饲养员说他这一组的老鼠智力一般。几个月后，教授对这两组的老鼠进行穿越迷宫的测试，发现A组的老鼠竟然真的比B组的老鼠聪明，它们能够先走出迷宫并找到食物。后来他又把这种效应拓展到人的身上，发现不论是在人还是动物身上，正面的期望都能够发挥积极的作用。因为他的研究结果意义非凡，该效应就以他的名字命名为"罗森塔尔效应"。

日常运用中期望效应通常被简单地归结为一句话：说你行，你就行，不行也行。如果你是一名教师，期望效应将对你十分有用。近年来提倡的"赏识教育"就是以期望效应为基础的。期望效应也能给养育者一些启示，家长应该给予孩子更多的鼓励和期望，告诉孩子他是聪明的、有能力的；让孩子对自己增强自信心，对自己的人生、前途更充满希望。在教学实际中，教师也要用对待聪明学生的态度和方法对待所有的学生，多给他们一些积极的期待，相信学生们会因此而越来越优秀，成为闪闪发光的金子。

聊一聊

皮格马利翁的故事

除了最早被心理学家罗森塔尔发现,而被称为"罗森塔尔效应"之外,"期望效应"还有一个别称,叫做"皮格马利翁效应"。

皮格马利翁是古希腊神话中塞浦路斯的国王,他非常擅长雕刻,并花费大量的心思,用精湛的技艺塑造了一尊美丽、可爱的象牙少女雕像。在夜以继日的雕刻中,他爱上了自己创作出的"少女",给她起名为伽拉泰亚,送她少女喜欢的礼物与饰品,为她穿上华美的衣裙。他实在太爱这位"少女"了,于是向维纳斯女神虔诚地祈祷,希望女神能够赐予他一位与雕像一样的妻子。女神被他感动,满足了他的心愿。这尊他倾注了无限热情与爱意的雕像真的化作了少女,并得到了维纳斯女神的祝福。

在神话中,热切的期待让雕像拥有了生命,在生活中,愿你也为人所善待并善待别人,在信念和关怀中成长为更好的自己。

:不仅老师的期待会影响我们对于自己的判断和要求,其他人传递给我们的信息也同样会影响到我们自己的状态,其中就包括暗示。

:我在电影里看过心理暗示,好像可以改变人的行为。

:那就具体来看看暗示究竟有怎样的作用吧。

➤ 悄悄改变你——暗示的作用

心理学家谢里夫曾经做了一个很有名的实验,在实验中他要求大学生被试对两段文学作品做出评价,他事先告诉学生们说:第一段作品是英国大文豪狄更斯写的,第二段作品则是一个普通作家写的。而事实上,这两段文学作品都是出自大文豪狄更斯之手,但受了暗示的大学生被试们却对两段作品做出了极其悬殊的评价:大学生们给予了第一段作品极其宽厚而又崇敬的赞扬,而对第二段作品则进行了十分苛刻又严厉的批评。这一实验证实了,暗示会极大地影响人们的心理和行为。

曾经有心理学家做过这样一个实验,他们反复地请被试喝大量糖水,然后

生活总会给人细微的暗示

对被试的身体指标进行检测,结果发现被试的血糖增高了,还出现了糖尿和尿量增多等生理变化。然后,停止给被试喝糖水,使其生理状况恢复正常,但对被试隐瞒这一结果,并用语言暗示被试:"尽管现在没有让你喝糖水了,但是积在你体内的糖分依然很高,过一段时间,血糖仍会增高,你还会出现糖尿,尿量也会继续增多"。接着对被试再次进行检测,发现被试又出现了饮用大量糖水后才能引起的生理变化。这一实验表明,语言暗示某种程度上可以代替实物,给人脑以相应的刺激,虽然被试没有再喝糖水,但人脑仍参与了体内糖的代谢活动。这就是我们常能看到的某些人服用了假的安眠药仍然能安然入睡,因为他相信这药是可以使他入睡的,即常说的"安慰剂"效应。

聊一聊

强大的安慰剂效应

最开始人们认为,安慰剂效应只能以一种隐蔽的、欺瞒的形式出现,即只有在被告知一种实际上并无作用的治疗是有效的时候,人们才会受到影响。但是渐渐地科学家发现,安慰剂的作用比想象的更加强大。他们邀请了一些肠道易激综合征的患者,将这些参与实验的患者随机分为两组,对于其中一组,研究者明确告诉他们将会服用一种用类似糖丸类的无效物质制作的安慰剂,且在以往的医疗实践中,这种安慰剂只能通过心理作用影响身体;而另一组则不服用额外的药物。结果研究者们发现,21天之后,那些明知自己服用

的只是安慰剂的病人确实发生了比另一组病人更加明显的好转。这个研究说明,即使人们知道某些治疗仅仅是一种安慰,仍然会发生身体状态的转变。

因此,在生活中,我们也应该常怀希望,并给人以希望,当面向阳光的时候,也许一切也会慢慢地好起来。

:当你刚刚学习英语的时候,你是如何知道字母的发音的?

:我跟着老师念的啊。

:是的,学习语言的时候我们会模仿其他人,在学习社会的规则时也是这样,模仿在我们的行为塑造中起了很大的作用。

➢ 向榜样学习——模仿的力量

你是否曾经偷穿过妈妈的高跟鞋?你还记得那是发生在什么时候的事吗?是的,我们从很小的时候,就已经开始模仿了。我们会模仿电视上演员的穿着,会模仿大人说话的方式,会模仿自己的小伙伴、家人和老师。通过模仿,我们学习如何与这个世界互动,学习不同角色的行为方式,也学习社会生活的规则。在这个过程中,模仿的作用甚至超过了言语的指导。心理学家的一个实验就曾经对此做出了证明。研究者邀请了几十对父子,把他们随机分成了两个小组。其中一组,父亲拿着一个苹果,郑重其事地对孩子说:"这个苹果一点也不甜,还有点酸涩,你不要吃"。说完,父亲就头也不回地离开了房间。另一组中,父亲说完话后咬了一口苹果,摇摇头才离开房间。你认为哪一个组会有更多的小朋友尝试吃这个苹果?研究的结果显示,在第一组中,63%的小朋友都忍住了没咬苹果。但在第二组中,在平均不到5秒钟的时间内,95%的孩子都忍不住咬了苹果,这说明,我们的很多行为,都来自于模仿。

第五章 教师手中点石成金的心理学

在学校生活中，教师常因丰富的知识和人格上的魅力而成为同学们崇拜的对象，并被视为重要的榜样。同学们会通过体会、模仿教师的言行来学习社会生活的方式与规范，于是教师的内在与外在形象，在潜移默化中影响了学生们的行为和态度。这个时候，教师若不注意自己的言行，就会给学生带来不良的影响。想想看，当一个同学被老师当众批评时，很多学生会怎么做？或许会有人在旁边添油加醋，"举报"他的其他行为，或许会有人模仿甚至放大老师的态度，孤立或奚落同学，然而这都不是好的行为。因此，对于教师们来说，在教书的同时也需不忘育人，通过自身的行动树立良好的榜样，并注意保护学生的尊严，而同学们也需要多多审视自己的言行，学会给予他人尊重的空间。

当然，人不是毫无感情的复制粘贴机器，某种行为是否会发生并不完全由模仿决定，还会受到强化的影响。我们已经了解过强化的基本作用，但实际上，当想要通过正强化增加良好行为发生的可能性时，表达的方式非常重要。当一个小朋友慷慨地分享了自己的玩具或为其他人提供了帮助时，赞扬他的人格如"你真是一个乐于助人的好孩子"，比赞扬这次行为如"你愿意和其他小朋友分享玩具，这是一种很好的行为"效果更好。这或许是因为，当你称赞一个孩子的人格时，他会认为这是自己身上一种持久不断的品质，从而在未来更有可能重复类似的行为。相应地，当批评一个孩子时，最好就事论事地指出错误，而不要否定他的人格。

聊一聊

无意中发生的模仿

通过模仿，我们习得了社会规范，塑造了自己的行为。因此，模仿是一个重要的主动学习的过程。但是有时，我们也会在无意识中模仿他人的动作、表情等。例如，在自习课上，你无意间瞥到旁边的同学正在一边写作业一边抖腿，过了一会儿你发现自己不知什么时候也开始了抖腿。这是为什么呢？心理学研究发现，模仿能够增进对彼此的喜欢，让人们的关系更加融洽；所以我们会在自己都没有意识到的时候模仿他人的行为，并从中受益；并且，当与人建立联系的目标受挫时，这种无意识的模仿会更多(Lakin & Chartrand, 2003)。

:小卡,如果你想要玩一个小时的游戏,又怕时间太长家长会不同意,你会怎么办?

:那我就先申请玩40分钟。

:没错,小的要求或者改变往往更容易实现。学习也是这样,当积少成多时,就会引起大的变化了。

➤ 一点点来——登门槛效应

教师在教学过程中可能会发现这样一种情况:越是学习成绩好的学生,向老师求教的问题越多,而越是学习成绩差的学生,反而没有问题要问。一般来说,应该是学习成绩较差的学生存在比较多的问题,不愿发问将导致成绩差者的问题越积累越多。家长、教师甚至是同学们自身对此也很无奈。其实,这种现象可以利用心理学中的"登门槛效应"来改善。

什么是登门槛效应呢?

《伊索寓言》里面有一则《石头汤故事》形象地说明了登门槛效应——一个暴风雨的夜晚,有一个穷人来到富人家的厨房门口乞讨。"滚开!"厨娘说,"不要来打搅我们。"穷人说:"只要让我进去,在火炉上烤干衣服就行了。"厨娘认为这不需要花费什么,就让他进去了。这个可怜人又请求厨娘给他一个小锅,以便他"煮点石头汤喝"。"石头汤?"厨娘说,"我想看看你怎样用石头做成汤。"于是她就答应了。穷人到路边拣了块石头洗净后放在锅里煮。"可是,你总得放点盐吧。"厨娘说,她给了他一些盐,后来又给了豌豆、薄荷、香菜。最后,又把能够收拾到的碎肉末都放在锅里。最后,这个可怜人把石头捞出来扔回路上,美美地喝

第五章 教师手中点石成金的心理学

了一锅肉汤。

美国心理学家弗里德曼于 1966 年做了一个实验,证实了这个效应:实验者让助手到两个居民区劝人们在房前竖一块写有"小心驾驶"的大标语牌。助手在第一个居民区向人们直接提出这个请求时,遭到很多居民的拒绝,同意者仅为被请求者的 17%。在第二个居民区,助手先请求居民在一份赞成安全行驶的请愿书上签字,这是很容易做到的小事,几乎所有的人都照办了。几周后再向他们提出竖标语牌的要求,结果同意者竟占被请求者的 55%。

对于这样的结果,心理学家进行了分析:一般来说,人们会拒绝一些难以做到的或者是违反自己意愿的要求,这是很自然的事情;但是人们一旦对于某个微小的请求找不到拒绝的理由,一般会同意这种请求。对于第二个居民区的居民来说,当他同意了第一个请求后,便会产生"自己是关心社会福利的"这种认识。这时如果他拒绝后来的更大的请求,就会出现对自身认识上的不协调,于是协调一致的压力就会支持他同意更多的请求或者做出更多的帮助。这就是"登门槛效应",指一个人一旦接受了他人的一个微不足道的请求,为了避免对自己认知上的不协调,或想给他人自己前后一致的印象,就有可能接受更大的请求。犹如登门槛时要一级台阶一级台阶地登,这样能更容易更顺利地登上高处。

不言而喻,第二个居民区的同意率之所以超过半数,是因为在这之前对他们提出了一个较小的请求;而第一个居民区同意率之所以不足 20%,是因为在这之前对他们没有提出一个较小的请求。换句话说,第二个居民区的同意率之所以高于第一个居民区,是因为人们的潜意识里总是希望自己给人留下前后一致的印象。

那么,对成绩比较差的学生如何运用"登门槛效应"来改善他们的学习状况呢?在教学工作中,教师不宜一下子对这些学生提出过高的要求,而是先提出一个只比过去稍稍高一点的要求,当学生达到这些要求时再鼓励其达到其他更高的要求,学生往往更容易接受。比如对于那些不习惯在课堂上回答

问题的学生，教师可以选择性地先问他一些简单的封闭性问题，比如是非题，这样学生就不会担心自己被提问时无言以对；在学生逐步习惯了被点名回答问题的状态之后，可以问一些复杂一点的问题，鼓励他多说出自己的观点，这样逐步地过渡，一直到学生能够自己主动地提出问题。通过这种方法就能够有效地改善学生不回答、不发问的情况。

聊一聊

用登门槛效应改变自己

我们每个人都很多次地希望向理想的自己靠近，在新年伊始，在新学期，或在过生日时，许下过改变自己的期待与愿望，然而下一年，很多愿望仍然还是"愿望"。不是我们没有指向，只是有时候走出习惯有点难。"登门槛"效应或许可以为我们提供帮助。当你立下一个宏远的目标时，可以把它分解成很多个容易达成的小目标，每次做出一些没有那么困难的改变。同时，在实现每个小目标时，及时地给自己反馈，多多肯定自己，当一段时间过去，你会发现自己离总目标越来越近，也会对自己更有信心。

：小卡，你知道为什么犯了错误会被批评吗？

：因为大家都不想受到批评，所以老师和爸爸妈妈希望通过这种方式，告诫我们不要重复不好的行为。不过虽然理解他们的愿望，有的时候还是会和同学抱怨他们唠叨，嘿嘿。

▶ 教导需有度——超限效应

马克·吐温讲过这样一个故事。有一次，他去听一位牧师的募捐演讲，最初，他被牧师精彩的演讲打动，准备参与捐款。然而十分钟之后，牧师的演

讲仍在继续,却已经没有了新的内容,他有些不耐烦了,决定还是只捐一些零钱吧。又坚持了十几分钟,牧师不断地重复之前的内容,冗长的演讲让马克·吐温感到无比枯燥和气愤,他决定不向这位牧师捐赠一分钱。最终,当演讲终于结束开始募捐时,马克·吐温出于气愤,不仅分文未捐,还从盘子里拿走了两美元。这就是"超限效应":刺激过多、过强或作用时间过久,会引起人的极度不耐烦或逆反心理。

有时为了规范同学们的言行,让同学"听到心里去",老师们会语重心长地反复引导。大部分同学都能够感受和理解老师的苦心,被老师的谆谆教诲所触动。然而当相似的内容被多次重复之后,同学们的反馈也越来越冷漠,甚至抱怨起老师,出现了越是反复强调越要触碰底线的逆反心理。因此,教导学生需要有"度"。表扬与批评都是一门学问,既要抓住最佳的时机,在行为之后起到强化或惩罚的作用;又要控制火候,既不吝啬也不夸大。老师们出于忧心,可能会因为同样的行为对同一位同学做出重复的批评,但是这种重复却并不能够起到最好的效果。

在课堂中也是如此,再精彩的教学也怕时间的延长,人的精力是有限的,中学里一节课的时间被控制在40—45分钟,就是因为时间一长,同学们就会感到疲劳,注意力会逐渐分散。因此,为了保持较好的效果,要注意控制总体的教学时间和各个模块的时间分配,注重问题之间的逻辑性,相同的内容不要做过多的重复,通过巧妙的问题设置,带动学生思考和记忆。

聊一聊

超限效应的自我觉察

青春期的我们已经不再是小朋友了,希望证明自己已经长大,希望拥有自由意志,最不喜欢长辈过多的管束和唠叨,也偶尔会被打上"叛逆"的标签。其实"反抗"不是我们证明自己的方式,希望自己对自己负责任才是我们真正的想法。或许我们可以想一想,有哪些"不愿意"并不是真的不喜欢,只是掉进了超限效应的圈套。因此,我们不妨重新审视自己,做到我们想要的"对自己负责",证明自己的成长。

：小卡，你参与过小组学习吗？效果怎么样？

：有啊，每次都不一样，有的时候大家都不太努力，就会"划划水"，有的时候就会很有斗志。

：下面我们就来看看造成这种现象的原因。

➤ 小组学习的智慧——社会促进与社会懈怠

  随着教学标准的转变，课堂中关于小组学习的尝试越来越多，在这个过程中，同学们不仅像以前一样受到教师的影响，也同样会受到其他在场同学的影响，从而在学习过程和学习效果上发生一些变化。

  心理学家们曾经研究过他人在场对活动效率的影响。他们邀请被试在三种不同的情境中完成40千米的自行车骑行，情境一中的被试需要独自完成这项活动；情境二中会有一个人用跑步的方式陪他完成；情境三中则有人与被试一起骑行。结果在三种情境中被试骑行的速度会有所不同，在情境一中的平均速度为39千米/小时，情境二中被试速度大大提高，为50千米/小时，情境三中的速度与情境二相差不大，为52千米/小时。这种个人的活动由于有其他人同时参加或者有其他人在场旁观而效率提高的现象，叫做社会促进或社会助长。想一想参加体育测验时的你，是不是也有这种现象？你是否曾经因为意外的原因，无法与大多数人一起参加体测？你是愿意单独测验还是与同学共同测验呢？是不是还是一起完成的时候更有动力，成绩更好呢？当然也有些时候，他人的在场反而产生了干扰作用。比如有些同学，当众演讲时会倍感兴奋，而有些同学会因过于紧张而无法发挥自己全部的水平，这种因他人在场而活动效率降低的现象，叫做社会抑制。

为什么他人在场会影响活动效率?因为每个人都想给其他人留下一个好的印象,而对他人评价的关注提高了生理唤醒的水平,如果任务对于个体较为简单,唤醒水平的提高会增强活动效率,但如果任务过于复杂,就会产生消极的影响。因此,在面对相对日常、在能力范围内的学习内容时,采取结伴学习的方式,参与者为了获得组内同学的认可,往往会全力以赴,提高学习的效率;而对于较为困难的任务,在没有评价焦虑的环境中会更容易完成。

共同完成小组任务既有可能激发参与者的干劲和热情,提高学习或工作效率,也有可能发生"三个和尚没水喝"的现象,这种群体一起完成一个目标时,个人所付出的努力比单独完成时偏少的现象,叫做社会懈怠。这种现象主要发生在个体认为自己的贡献无法被单独识别的情境中,这种情境中个体认为自己表现得好难以得到赞扬,表现不好也不易被外界察觉和惩罚,因此"搭便车"的人越来越多。所以在布置小组任务时,需要兼顾对个人贡献的测评,如明确个人分工和增加成员互评机制,既突出了每个人的作用,又利用了社会促进的效应。除此之外,增加小组凝聚力也是一种有效的方法,此时为了让自己的小组表现更好,成员们也会更加努力,因此引入小组竞争机制也不失为一个好的方法。总之,如何更好地利用合作学习的方式提高学习效率,是教师们智慧的体现。

聊一聊

动物中同类在场的影响

社会促进不仅发生在人类身上,动物的活动也会受到同类在场的影响。将蟑螂放到一个特制的盒子迷宫中,在迷宫的一端施加强光照射,找到迷宫的出口是唯一的躲避方式。在结构简单的迷宫中,如果有其他蟑螂在场,被困住的蟑螂会更快地找到出口,但在结构复杂的迷宫中,在没有同类围观的时候,蟑螂能够更快地从中逃离(迷宫设置如下页图)。

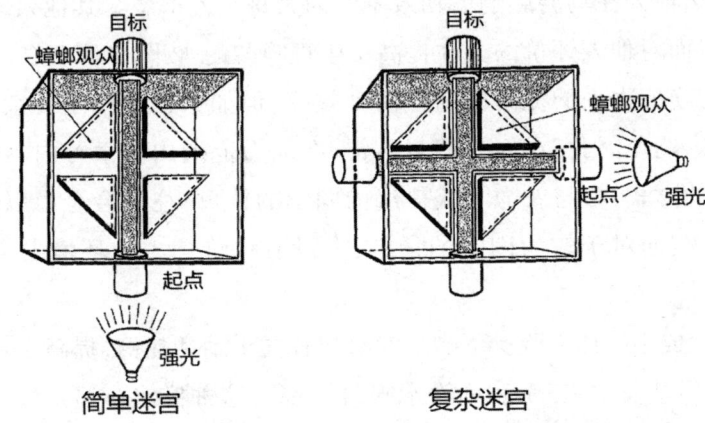

简单迷宫　　　　　　　　复杂迷宫

:同学们知道了这些心理效应后,让我们回头来看电影《看上去很美》。假如你是幼儿园老师,你会如何运用这些方法来更好地引导方枪枪这样的孩子呢?请大家列出一个教学计划。

❓ 考考你:

1. 什么是**强化**?你的生活中还有哪些强化的例子?
2. 如何利用"**登门槛效应**"为自己设置一个学习计划?
3. 你能想出老师在教学中运用的其他一些心理效应吗?

第六章
成长中的爱恨情仇

：上节课学习了老师手里的心理魔法,那有没有一些特别的、属于我们学生的心理学现象呢?

：心理学效应的作用很多,自然不仅仅体现在它们能够帮助老师更好地教学这一方面。我们知道,心理学是关于人的知识,只要有人的地方就有心理学。学生作为一个群体,当然有其独特的心理现象。这节课就是要向大家介绍学生群体所特有的一些心理现象,分享一些你可能从没意识到的自己身上的心理学知识。

➢ 成功与失败——归因的自利性偏差

下面让我们来看一下同学们在学习过程中经常可能遇到的两种情景,请大家对两种情景做一个原因的分析。

情景一: 班上进行数学期中考试,成绩出来,你得了 A(优秀)。

你觉得自己为什么能够取得好成绩?

- 因为试题很简单
- 因为我比别人更聪明

如果你得了 D(不及格),也请你为自己做一个原因分析,那你会选择什么?

- 因为试题太难了
- 因为我不够聪明

情景二: 班上进行数学期中考试,成绩出来了,同学小林得了 A(优秀)。

你觉得他为什么能取得好成绩呢?

- 因为试题很简单
- 因为小林比别人聪明

如果你的同学小林得了 D(不及格),请你为他做一个原因分析:

- 因为试题太难了
- 因为小林不够聪明

记住你的选择了吗?

这种归因问题是日常生活中常遇见的问题,也是心理学家非常感兴趣的现象。让我们来看一下心理学家从中发现了什么。研究显示,当学生自己取得好的成绩时,倾向于把得高分归结于他自身的因素(因为我比别人更聪明);自己得了低分时,通常会归结于外部的因素(因为试题太难了)。相反的,同样的测试,当他人取得好成绩时,通常会把别人的成功归结为外部的因素(因为试题很简单);当他人取得差成绩了,则倾向于把别人的失败归结于内部的因素

（因为小林不够聪明）。请检查一下你在分析原因的时候是否也出现了这种倾向？

这种归因倾向在心理学上被称为归因的自利性偏差。自利性偏差引导人们将他们的成功归因于自己，否认或者推脱自己对于失误的责任。在很多情境中，人们倾向于把成功归结于自己内部的原因，比如"我之所以获奖是因为我的能力"，而把失败归结于外部的情境性因素，"我败下阵来是因为别人做了手脚"。

不仅如此，当自己属于群体中的一员时，人们也很容易出现自利性的偏差。他们总是倾向于把群体的成功归因于自己，认为自己做了相当大的贡献；而将失败归因于其他群体成员，认为是别人拖了后腿。这种现象在团队合作中经常出现。了解了归因的自利性偏差以后，同学们就能更加客观地看待自己的成功和失败了，也能够对他人的成功与失败给予客观公平的评价。

聊一聊

自利性偏差的"好"与"坏"

为什么在对已经发生的事情进行归因时，会发生自利性偏差呢？其中一个原因就是，这种归因偏差有助于维护我们的自尊。每个人都希望自己的形象是积极的，当我们将成功归因于自己，而将失败归因于外界时，就能够很好地满足这种需要，既能够为失败寻找到借口，也能够为"我是真的很不错"的自我印象添砖加瓦。

如果自利性偏差能够让我们快乐，我们为什么还要警惕它呢？因为它不仅阻碍了我们与他人的正常交往，也掩盖了成功与失败背后的问题。我们只有正确地认识自己的处境，才能够真正地成为一个更好的人；而内疚、失落、难过这些由对自己的不满产生的情绪，正是鞭策我们前进的动力。

：失败是一种我们都想要避免的消极的反馈，也是一种预警的信号，告诉我们这样做不行，或者做得还不够。人们常说"失败是成功之母"，因为

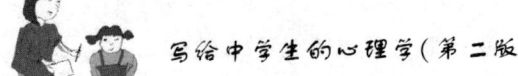

排除了错误,才能找到正确的路。但是你知道,如果重复经历失败的痛苦,人们可能会发生怎样的变化吗?

▶从失望到绝望到最终放弃——习得性无助

《看上去很美》里面的小主人公方枪枪在入学时一心想得到老师奖励的 5 朵小红花,可他拼命地努力却怎么也没法得到那 5 朵小红花,最后他终于对小红花失去了兴趣。在你的周围是不是也有这样一些人,他们很努力地想要达成某个目标却屡遭挫折,最终以放弃而告终?是不是有些时候当你十分努力地想做成某件事却怎么也做不成时,你会开始气馁和自我怀疑?——你知道吗,这种现象在心理学上有个专门的名词,叫做习得性无助。

有研究者做过一个非常有趣的实验:他们把跳蚤放在桌上,一拍桌子,跳蚤迅即跳起,跳起高度均在其身高的 100 倍以上,堪称世界上跳得最高的动物。然后在跳蚤头上罩一个玻璃罩,再让它跳;这一次跳蚤碰到了玻璃罩。连续多次后,跳蚤改变了起跳高度以适应环境,每次跳跃总保持在罩顶以下的高度。接下来逐渐改变玻璃罩的高度,跳蚤在每次碰壁后都会主动改变自己的高度。最后,玻璃罩接近桌面,这时跳蚤已无法再跳了。研究者于是把玻璃罩打开,再拍桌子,跳蚤竟仍然不会跳,变成"爬蚤"了!

是什么原因让跳蚤变成了"爬蚤"?并不是因为它已丧失了跳跃的能力,而是由于一次次受挫学乖了、习惯了、麻木了。最可悲之处就在于,当实际上的玻璃罩已经不存在时,它却连"再试一次"的勇气都没有了。这就是著名的跳蚤实验。玻璃罩已经罩在了潜意识里,罩在了心灵上。行动的欲望和潜能被自己扼杀!研究者把这种现象叫做习得性无助。

"习得性无助"是美国心理学家塞里格曼(M. Seligman)1967 年提出的:他用狗作了一项经典实验,起初把狗关在笼子里,只要蜂音器一响,就对它施以令其难受的电击,狗关在笼子里逃避不了电击,多次重复后,蜂音器又响了,在给狗施以电击前,先把笼门打开,此时狗不但不逃反而不等电击出现就倒在地上开始呻吟和颤抖,本来可以主动地逃避却绝望地等待痛苦的来临,这就是习得性无助。

第六章　成长中的爱恨情仇

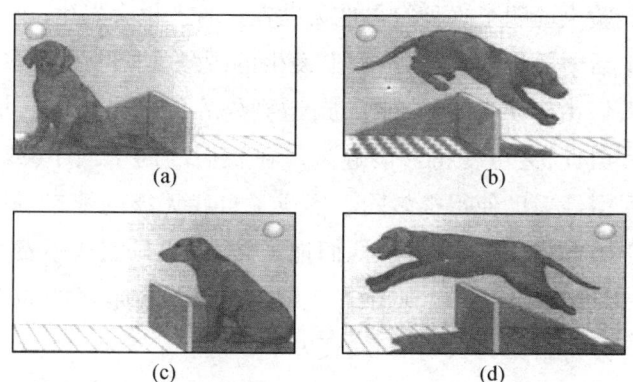

别让习得性无助控制了你

习得性无助不仅在动物身上存在,在人的身上也存在。1975年塞里格曼用人当受试者进行了类似的实验,结果也产生了习得性无助。实验是在大学生身上进行的,他们把学生分为三组:

第一组学生听一种噪音,这组学生无论如何也不能使噪音停止。

第二组学生也听这种噪音,不过他们通过努力可以使噪音停止。

第三组是对照,不给受试者听噪音。

当受试者在各自的条件下进行一项实验之后,立即让受试者进行另外一项实验:实验装置是一只"手指穿梭箱",当受试者把手指放在穿梭箱的一侧时,就会听到一种强烈的噪音,放在另一侧时,就听不到这种噪音。

实验结果表明,那些在第一个实验中能通过努力使噪音停止的受试者(第二组),以及未听噪音的对照组受试者(第三组),他们在"穿梭箱"的实验中,学会了把手指移到箱子的另一边,使噪音停止;而第一组受试者,也就是说在原来的实验中无论怎样努力都不能使噪音停止的受试者,他们的手指仍然停留在原处,听任刺耳的噪音响下去,却不把手指移到箱子的另一边。

随后的很多实验也证明了这种习得性无助在人身上也会发生。

在现实生活中,上述跳蚤和狗身上发生的现象实际上是很多人人生经历的折射——人们由于不断地碰到困难,遭到外界的打击、责难、批评,开始慢慢丧失信心和勇气,甚至变得颓废起来。在我们的同学当中,或许有一些人也是如此。习得性无助使得很多同学形成了自我无能的策略,最终导致他们消极、麻木,以不作为而避免失败,他们拖延作业,或只完成不费力气的任务;他们沮丧,并以愤怒的形式表现出来。其实他们并不是真的能力不行,而是如那只跳蚤一样对自己失去了信心、丧失了希望。

如何消除学生的习得性无助呢?作为学生自己,应该正确地看待自己的成功和失败,不要因为一些挫折而给自己设限;而作为老师应该善待所有学生,给失败的孩子多一些鼓励,给他们创造成功的机会,而不要造成孩子的挫折感。

聊一聊

你是不是被困住的大象?

你是否听过这样的故事:一个旅人在路途中偶遇了驯兽师和他训练的大象。力气可以卷起树木、体重能够碾压汽车的大象既没有被关在牢固的笼子里,也没有被拴在精铸的铁链上,相反驯兽师仅仅用一根绑在木桩上的细绳便困住了大象。旅人十分费解,向驯兽师讨教。原来,在大象还只是一头小象时,就被用绳子拴住了前腿,那时它也曾努力挣脱过,却没有一次成功,慢慢地也就放弃了逃跑。现在它虽然已经是一头成年的大象了,却依然认为这是一条永远无法摆脱的绳索。

困住大象的不是细绳,而是它自己的认知,那么你呢,你有被自己设下的枷锁困住了却还没有意识到吗?心理的负担之所以能够困住我们,是因为它确实很重,如果你被困住了,不妨一点一点地给自己减重。你可以从不需要过多努力就能够完成的小事做起,重新获得"我可以"的感受和对改变的信心。当你迈开步子,你就已经往前走了,细绳总会被大象挣脱的。

第六章 成长中的爱恨情仇

：小卡,你知道最近越来越多的名人也开始进入网络直播间"带货"了吗?

：作为"冲浪"少年,我当然不会错过这些信息。

：那你知道为什么明星能够带动销量吗?

：因为有人想通过"明星同款"和偶像更近一点。

：这也是原因之一,我们来看看更加具体的分析吧。

▶ 追星族的信念——名人效应

看过周星驰执导的电影《功夫》的同学们应该对影片中那个扮演哑女的女演员有着深刻的印象,这个外形清纯的女孩在出演《功夫》之前曾为某化妆品拍摄过一部广告,酬劳仅为1000元,而在凭借《功夫》一炮走红之后,很多厂家争着请她为自家产品代言,这时她的身价已经翻了几千倍。为什么众多商家愿意开出天价来聘请明星做产品的代言人?这种代言的效果到底如何呢?我们可以从心理学的角度稍做分析。

首先,由于名人在社会上占据一定的社会地位,被公众关注,所以他们所拍摄的广告很容易激发起人们的兴趣,引起人们的注意。从这个意义上来说,能够吸引大多数

人的注意已经是一部广告成功的第一步。

其次,名人的出现往往会引起人们一系列的心理变化,由崇拜到信任,由信任到追求,由追求到模仿。特别是那些名人的忠实崇拜者们,他们会有意无意地模仿自己偶像的穿着打扮,对于偶像所推荐的商品当然也会乐于购买。当易烊千玺在镜头前品尝好吃又健康的坚果时,他的忠实粉丝们又如何能抗拒他手中那袋美食的诱惑呢?另外,明

明星与名车,谁闪亮了谁?

星拍摄广告还有可能会使消费者产生"移情效应"。"移情效应"是指将人们对某一特定对象的情感迁移到与该对象相关的人或事物上去的心理现象,也就是人们常说的"爱屋及乌"或"恨屋及乌"。名人电视广告邀请消费者喜爱、仰慕的歌星、影视明星、体坛名将等做广告,使消费者将其对名人的喜爱之情迁移到名人所宣传、推荐的商品上来,从而增强广告的宣传效果。

最后,名人广告可以增强广告的可信度。广告心理学的研究认为,消费者对一个广告的相信程度取决于消费者对信息来源及信息本身的信赖程度,前者可以说是消费者用来决定后者是否值得相信的重要依据和线索。当消费者对广告所宣传的商品的信息知之甚少或一无所知时,他们会信赖在这方面有专业知识的人,听取他们的意见和建议,认同他们的观念和思想。比如,在健康、医疗方面,人们愿意接受医生的意见和建议;在增强身体素质方面,人们愿意听取体坛名将的建议;在美容、服饰方面,人们愿意接受文艺名人和服装设计名家的观点和思想,并以他们的看法为准则。名人电视广告正是抓住了人们的这一心理规律,让名人以自然的态度和似乎是切身的感受来介绍产品,或以专家的身份来推荐产品,以期取得消费者的信任,提高广告的可信度。

当然,利用名人做广告如果方法不当也会适得其反。例如,在电视广告中,如果明星的表演成分过多,可能会过度吸引受众的注意,弱化商品信息对受众的刺激;如果明星在代言某商品后爆出了丑闻,那对于他所代言的品牌形象也会造成一定的负面影响,这些都是商家在请名人做广告时所应该考虑的因素。

第六章 成长中的爱恨情仇

聊一聊

商品也是明星的"标签"

态度的构成方式丰富多样,它可能来源于我们对事物的认知,也可能来源于我们对自己行为的反推,也可能来源于我们的价值观念与情绪。当我们喜欢的明星总是与某个产品同时出现时,我们看到明星时的喜悦心情就与产品建立起了联系,此时我们对明星的喜欢也就蔓延到了产品上,这就是基于情绪的态度。同样的,广告与商品也会对明星产生影响。你是否会一想到某个经典的广告就想起某位明星,或者看到某个明星就想起某些令人印象深刻的广告?我们对于广告和产品的情绪也同样会"传染"给明星。如果某一样产品或某一类广告令我们感到厌恶,而某个明星又总是与这个产品结对出现,我们就会对这个人产生反感的情绪,而如果某则广告在我们的童年中留下了深刻又温馨的印象,每当想起这则广告中的明星,我们也会产生怀念又轻松的情绪。因此,不仅明星能够赋予产品光环,有时产品也成了明星的"标签"。

:小卡,你知道为什么表情包会在网络聊天中盛行吗?

:因为文字聊天常常会造成误解,需要表情包来传达情绪。

:没错,与面对面的交流相比,网络交流看不到表情、动作,也听不到说话的语气和音调,因此会丧失很多信息,有时也带来一些误解,最终造成想象和现实的差异。

➢ 虚拟和现实中的ta——网络交流的偏差

如果问起上网的目的,很多人会提到结交朋友,网络为网民们提供了很多种结交朋友、交流信息的方式,微信、QQ、MSN、BBS使很多从未谋面的人成为朋友。然而,心理学家的研究表明,通过网络上的信息交流所形成的对交往对象的印象往往存在着很大的偏差,也就是说,我们想象中的网友并不是实际的他。

 **实验小揭秘**

美国的罗德尼·富勒使用个性测验完成了一项实验。他让参加实验的人通过完成个性测验的方式来评价自己从没有见过面的网友,在完成测验的时候,被试要把自己想象成自己的网友,按照他们的逻辑来回答问题,而他们的网友也会用同一份测验题来评价自己。为了揭示网络与现实的差异,实验者还找了一些现实中的朋友来做同样的测验。实验结果表明,那些彼此见过面的朋友相互更了解一些,而那些只通过网络交流的朋友,彼此表现出很多的误解。他们盲目地认为对方具有理性分析的能力,而事实并非如此,他们还会高估对方对于结构和秩序的需求。

为什么会出现这样的情况呢?在网络上,我们对于交往对象的了解都是通过文字,而在现实生活中,人们则通过多种渠道来交流并形成对他人的印象。当一个人用不同的语气说同样一句话时,给别人的感觉是完全不同的,当一个人真诚地微笑着说"欢迎你"和斜着眼睛看着人说"欢迎你"时,你完全可以通过他的表情知道自己是不是真的受欢迎。也就是说,在现实生活中,当我们形成对他人的印象时表情、动作等非语言因素的作用比语言线索的作用要大

当我们在QQ上与网友畅所欲言时,你知道对方到底是何方神圣吗?也许我们并不在乎

得多。当我们在网上交流时,语言成为唯一的线索,虽然我们也可以用☺来表示微笑,用☉来表示惊讶,但虚拟的符号毕竟远不如我们真实的表情和动作丰富多彩。因此通过这种途径所形成的印象往往会出现很大的偏差。随着互联网技术的发展,音频、视频交流已经非常普及,那一个个ID后面隐藏的个体将不仅仅只能用语言来表达自己的个性,网络上印象的形成也会由于交

往元素的增加变得更为客观。

关于互联网与心理学的研究还涉及其他很多领域,例如网络上的攻击倾向、网络团体中的人际关系、网络购物的影响因素等等,我们把和互联网相关的心理学研究称做网络心理学,它已经成为心理学的领域中得到广泛关注的一门新兴分支学科。

聊一聊

网络聊天中的 Emoji

在网络聊天中,为了辅助表达自己的情感和态度,表情符号成为一种新的"语言",那么你知道有多少人在使用 Emoji 符号,哪些符号又是人们最常用到的吗?有研究者收集了 Kika Emoji 键盘部分活跃用户在 2015 年 9 月一整月中对各种 Emoji 表情的使用情况,收集对象包括 212 个国家和地区的 3880 万名智能手机用户,并整理了使用频率最高的 20 个表情符号。对照下面的图,这些表情符号也是你经常使用的吗?在网络交往中,当你表达哪种情感时,更需要借助表情符号的辅助呢?

Kika Emoji 键盘中使用最多的 20 个表情符号(Lu 等,2016)

:小卡,你会邀请自己的家人参加同学聚会吗?

:当然不会,朋友们都会感觉到不自在的,连我自己都会放不开。

:是的,我们在朋友中间的表现和在家里的表现是有区别的。不仅如此,我们在不同场合中的表现可能都会有所不同。

➤ 在家在校判若两人——角色效应

在家里的你,和在学校的你一样吗?你是否听说过这样的小朋友,当他在家吃饭的时候,总是要爷爷奶奶拿着小碗,举着小勺,在饭桌上哄着,在房间里追着,才肯一点一点地把饭吃完;然而到了幼儿园,他变成了自己乖乖吃饭、不挑食不拖拉、表现良好的小天使。或者,你也曾经是这样的一个小朋友吗?为什么一个人在家和在学校会有不同的表现呢?

你是否听过对演员这样的夸赞——"换脸式"演技、"剧抛脸",一名优秀的演员能够在不同的作品中将自己变成截然不同的角色,让人感叹他在每一部作品中都不一样。但是你知道吗,你也具有驾驭不同角色的能力。作为一个具有社会属性的人,我们与他人有着千丝万缕的联系,也拥有着不同的身份。在与人交往时,有时我们是老师的学生,有时是朋友的同伴,有时是家长的孩子,有时是顾客,有时是志愿者……当我们身处不同的情境时,就需要扮演好不同情境中的不同的社会角色。这些角色包含了人们对他们应该如何做的期望和他们需要遵守的规则。我们一直在学习不同社会角色需要遵守的规范,当表现好时,会受到奖励和赞扬,当偏离了角色的要求时,则会受到惩罚和批评,慢慢地,我们终于能够在不同情境中扮演好相应的角色,成为一个合格的"社会人"。

当我们在学校的时候,我们的社会角色是学生,此时,我们需要遵守学校的制度和老师的要求,要完成力所能及的劳动,要认真学习知识……当我们能够完成这些要求,扮演好学生的角色时,会收获老师和同学的认可,自己也会感到满足和自信。然而当我们回到家中的时候,我们知道自己永远会是父母的孩子,知道他们的包容和关爱,知道自己可以撒娇、提要求和索取宠爱。所以在外面我们可能是独立、稳重的,在家却会把一些力所能及的事情丢给爸爸妈妈,因为我们知道自己是被宠爱的。但是我们也知道父母对我们的期望,也在学习扮演好子女的角色,我们会尊敬自己的父母,约束自己的行为,也会学着爱他们。这也是为什么即使在父母身边,我们也会觉得受到束缚。

当和朋友在一起时,我们又拥有了新的角色,我们会与朋友交流共同的兴趣和观点,彼此支持,分享快乐和悲伤。但作为朋友,我们同样需要履行相应的

第六章 成长中的爱恨情仇

责任,接受一定的限制。

所以,在学校和家庭中,在老师、家人和朋友面前,我们的表现会有所不同,因为在这些情境中,我们扮演着不同的角色,在相应的规则下调整着自己的言行。没有哪一个角色不会带来收获,也没有哪一个角色不会受到限制,我们就这样在不同的角色中转换、协调和获取力量,成为一个立体、丰富的人。

聊一聊

当角色发生转变

你或许看到过刚开始上幼儿园的小朋友在学校门口抱着妈妈的腿不愿意进去的情景,也或许听说过刚上幼儿园的小朋友会容易生病。现在你知道这是为什么了吗?原因之一就是,小朋友们需要习惯从一个"孩子"变成一个"学生",接受新的角色,学习新的规则,难免会产生较大的压力。社会角色的转变所带来的挑战不同年龄段的青少年都会遇到,当刚刚进入初中或者高中,意识到自己已进入新的学习阶段、担负更大的责任时,我们怀着期盼,同时也会体验到紧张和担忧的情绪。随着年龄的增长,我们会不断地经历角色的转变,从小学到中学,中学到大学,师长会逐渐放开他们的手,更多更长的路需要自己走;我们也需要不断调整自己扮演的角色。不仅如此,我们扮演的角色也会逐渐增加,成为一个员工、一个爱人、一个家长……直到变成一位老人,我们的一生都在不断适应新的角色要求,学会扮演好这些角色,在变化中实现对环境的适应,直到生命的尽头。

———

:小卡,你有没有对新剪的发型不满意的经历?

:有过很多次!而且不只是我觉得丑,朋友也会觉得不好看,他们就是不好意思说出来。每次剪头发都好需要勇气啊。

➤ 拒绝心理疤痕——自我概念的形成

如果想要研究一个人的外貌会如何影响他人的态度,我们该如何做? 或许我们可以找同一个人,把他包装成帅气或美丽的样子,或者将他刻意装扮成不那么英俊、漂亮的模样。接着我们需要设置一个情境,让他带着不同的妆容进入这些情境,由录像机按照一些事先设计好的客观指标记录下人们与他的互动。之后比较人们对不同妆容下同一个人的态度。但是有时候事情并没有那么简单,当我们想要改变的不是一个人客观的样貌,而是他心里自己的样子时,我们要怎么做呢?

研究者们进行了这样一个实验,他们招募了一些志愿者,请他们单独在没有镜子或反光物的房间中完成特效化妆。专业的化妆师会在每个志愿者的脸上画上一个疤痕,并在妆容完成后递给志愿者一面镜子,请他们看化妆的效果,所有人都觉得疤痕让自己变得很丑。之后,研究者拿走了镜子,并告诉志愿者们,为了让这个疤痕看起来更加逼真和持久,他们需要再对疤痕进行一些处理。化妆完成后,志愿者被带到了各大医院的候诊室,装扮成等待治疗伤疤的患者,并默默观察和记录候诊室中其他人的反应,在实验结束后,他们需要向研究者报告自己在这个过程中的感受和体会。实验的结果出奇地一致,几乎所有志愿者都说自己感受到了陌生人的恶意,他们不礼貌地盯着自己的疤痕看,眼神中流露出不友善的信号……

然而事实上,在志愿者们用镜子看过脸上的疤痕后,研究者就已经将所有人脸上的疤痕擦掉了,只是他们自己不知情罢了。每一个人都以他们原本的样子出现在了医院里,但所有人都认为自己因为脸上的疤痕受到了歧视。这个实验揭示了人们心里的"疤痕"会如何影响自己眼中的世界。

当你换了一个不满意的发型,有没有觉得同行的朋友看着你欲言又止,觉得对方一边说着"其实还可以",一边却总是打量自己。现在你还这样笃定吗? 或许是你的心态决定了你对别人的解读。实验室的妆容能够卸掉,新换的发型会逐渐适应,但是我们每个人心里的"疤痕"却总在无形中影响着我们自己。

我们对于自己的认识和评价,构成了自我概念,它包括"我是谁""我是怎样的""我能做到什么""我想要做什么"和"成为什么样的人"等等一系列与

第六章 成长中的爱恨情仇

自我有关的内容。我们用这些关于自己的信念组织内心的世界,处理外界的信息,这些信念会影响我们如何感知、回忆和评价他人与自己,也会影响我们的行为。当你认为自己是一个具有语言天赋的人时,你会寻找信息印证这一信念,那些在英语课上取得的好成绩、在演讲上的小成就、在交谈中的好表现,都更容易被注意到,也更容易被记住;同时一些模糊的信息,一次普通的提问,一些礼貌的掌声,也会更容易被解读为对自己的认可;这些因素共同作用,进一步加强了你对自己的印象。当你认为自己是一个内向害羞的人时,你也会想办法自我印证。你会特别关注那些接不上的对话,回忆那些沉默的场合,也会认为别人因你的害羞而疏离,仿佛对你格外冷淡一些。在这些负面自我概念的影响下,我们更容易放大与之相一致的信息,曲解他人的意图,让自己看到和记住更多的痛苦。所以,当我们评价他人对自己的态度时,当我们评价自己时,不妨想一想,事情真的是这样的吗?他们真的是这样看待我的吗?还是在不知不觉中,我们已经掉入了"疤痕"的圈套?

聊一聊

关于"我是谁"

想知道你在自己心中的图像吗?不如试着做一个小练习吧。请你选择一个没有人打扰的时间,静下心来,以"我……"开头,完成20个句子,这些句子需要概括你觉得最能代表自己的特征。句式可以是"我是……""我喜欢……""我可以……""我想要……"等。通过这个小练习,你可以看一看你心目中现在的自己是什么样子,你未来想要成为怎样的人,或许你能够在自我评价中找到桎梏自己的"疤痕",或者在对自己的期许中找到前进的力量。

:小卡,很多人说青春期的男孩女孩比较叛逆,你怎么看呢?

:也许不是我们叛逆,是他们不懂我们的想法,也不懂我们的时代。

➤ 叛逆的青春期——青春期心理特点

青春的每一天都是闪亮多彩的,拥有很多的快乐,也有很多的忧愁,仿佛进入青春期就会变得多愁善感起来。当提到青春期的青少年时,叛逆是人们常会想起的特征之一,但为什么被视作叛逆、肆意的青少年们心里还有那么多烦恼呢?

心理学家埃里克森(E. Erikson)根据人在一生中需要解决的主要冲突或危机,将个体的心理社会性发展分为8个阶段,青春期正处于"同一性对角色混乱"的阶段。在这个阶段,个体主要需要解决"我是谁"的问题。身体的发育让这一时期的青少年们对自己的身份拥有了新的认识,同时他们还需要将现在的自己、过去的自己和未来的自己整合,在扮演不同角色的同时,在混乱中形成统一的自己,即获得"同一性"。而"我是谁"从来都不是一个简单的问题,难免令青少年感到疑虑和迷茫。

青春期的青少年们正在深切地体会到自己的"长大",并迫切地想要证明自己的成熟,他们希望别人能看到自己的成长,希望能够掌控自己的生活,也非常在意自己的形象和表现,希望留下完美的形象。但同时他们又需要处理好他人眼中的"我"与现实的"我"之间的关系,处理好自己的敏感、骄傲和自卑。此阶段,从认知发展上看,青少年获得了抽象思维的能力,但却缺少足够的经验,因此常会建构一个理想化的世界,对成熟的体验与期盼又让他们相信自己是正确的,并且希望拥有自主权,所以会因观念的不同与长辈,特别是管束较多的家长产生一定的冲突。与此同时,朋友成为青少年的主要倾诉对象,同伴的影响逐渐加深,青少年们也越来越渴望获得同龄人群体的认可。所以综合来看,家长们就会觉得孩子长大了,不肯听自己的话,也不愿意和自己交流了,有时候还有些标新立异、看起来很"叛逆"的行为。而青少年们也沉浸在成长的烦恼中,希望能够独立但不得不受到管束,希望获得认可又担心不够完美。

青春期让家长感到紧张、头痛,也让孩子们经历迷茫和挫折,如果父母能够了解孩子对成长的渴望,给孩子一些肯定和适当的自主性,或许更有助于保持和谐的亲子关系,也能够在这一关键阶段更好地引导孩子在正确的道路上逐步发展,找到真实的自己,获得对自我的认可。

第六章 成长中的爱恨情仇

聊一聊

埃里克森的社会心理发展阶段

埃里克森将人一生的心理发展划分为 8 个阶段,这些阶段以固定的顺序展开。在每一个阶段,人们都需要经历特定的心理危机或者冲突,如果能够解决这些危机或冲突,就能获得积极的心理品质,增强自我的力量,促进对环境的适应。这 8 个阶段需要面临的冲突与可能获得的积极品质见下表:

大致年龄	冲突	品质
0—1.5 岁	信任对不信任	希望
1.5—3 岁	自主对羞怯、疑虑	意志
3—6 岁	主动对内疚	目的
6 岁—青春期	勤奋对自卑	能力
青少年期	同一性对角色混乱	忠诚
成年早期	亲密对孤独	爱
成年中期	繁殖对停滞	关心
成年晚期	自我整合对失望	智慧

❓ 考考你:

1. 归因的自利性有哪些应用和价值?
2. 作为学生,如何克服"**习得性无助**"?
3. 对待互联网上的"他",你该注意些什么?

第七章
家庭教育中的心理学

:唉,这次期中考试没考好,回家又该挨爸妈骂了。我觉得我爸妈太不了解我了,每次犯错就会说我的不是……

:我们中国人有句古语"不打不成器",很多家长在教育孩子的时候要么就是一味地打骂,不问缘由;要么就是盲目地溺爱。殊不知,这样的教养方式难见成效,而且很容易造成孩子的抵触情绪。我们这堂课就是介绍家庭教育里的一些心理学原理,希望同学们了解后,可以对父母多一些理解,多一些包容,能透过表面体味父母的良苦用心。

➢ 孟母三迁——社会影响

你是否听说过孟母三迁的故事？孟子幼时便失去了父亲，他的母亲一直没有改嫁，一家人居住在墓地附近。孟子就和邻居家的孩子一起学着大人跪拜、哭号的样子，玩起了办丧事的游戏。孟母知道了，说："这不是适合我的孩子居住的地方"。于是他们离开了那里，搬到了集市旁边，邻近杀猪宰羊的地方，孟子又学起了商人做生意和屠户屠宰猪羊的样子。孟母又说："这也不是适合我孩子居住的地方。"他们又迁居到了学校旁边，每月初一、十五，官员都会进入文庙，行礼跪拜，揖让进退有度，孟子见了一一学习、记住。孟母认为这才是适合她的孩子居住的地方，最终在此地长住。

人具有很强的适应能力，能够随着环境的改变而变通，也正因如此，人的行为会在很大程度上受到环境的影响。社会心理学家就是从社会情境的角度来分析和解读社会行为的。社会情境包括了个体所处环境中的其他事件和人物，这些人的态度、行为，以及个体与他们的关系等。个体所处环境中他人行为对个体社会行为的影响，就是社会影响。假设某人在自己过马路时从不会闯红灯，但当他来到一个陌生的城市，站在马路边，看到人们成群结队地闯红灯时，可能他也加入其中，这就是社会影响。同样的，在社会影响的作用下，当看到其他人都严格遵守垃圾分类的规则时，人们也会跟着约束和规范自己的行为。这也就是为什么孟子每到一个地方，就会学周围人的样子，而孟母也格外在意孟子的成长环境。

现在，你知道为什么爸爸妈妈那么在意你的学习环境、格外关心你和谁交朋友了吗？蓬生麻中，不扶而直；白沙在涅，与之俱黑。你想要成为什么样的人，可以试着多与这样的人在一起，通过他人的影响，你的行为也会发生潜移默化的改变。当你想安心学习时，周末的图书馆会是一个比热闹的麦当劳更好的地方；当你想提高在某个爱好上的技能时，加入一个社团或许会让你坚持得更久；当你想更加自律时，不妨也多与这样的人交朋友……社会影响

可能是积极的,也可能是消极的,而我们要利用积极的这一面,让自己成为更好的人。

聊一聊

为什么青少年会尝试吸烟？

我们都知道,吸烟不仅会损害自己的健康,也会给他人带来不适,对烟草危害的宣传已经非常普及,但吸烟的人仍然源源不断。中国一半以上的每日吸烟者在20岁以前便开始吸烟,青少年吸烟率为6.9%,尝试吸烟率则达到了19.9%。那么是什么在诱惑青少年吸烟呢？一个重要的原因就是社会影响。

前一章内容中我们已经指出,青少年时期的人们特别在意自己的形象,渴望证明自己的成熟和获得社会的肯定。如果身边的成年人或年长的有号召力的朋友吸烟,青少年更有可能会模仿他们的行为,把吸烟当成一种提升自我形象、向"大人"靠近的方式。除了周围的同学、朋友、家人,网络让人们接触到了更广泛的信息,大众媒体的影响也越来越多地渗透进我们的生活。当影视作品中出现大量的吸烟镜头,或者银幕上一些成熟、有魅力的人物一边吸烟一边体验与众不同的人生时,也会诱导青少年将吸烟看做平常之事,甚至是快意人生的一部分。因此,对世界的认识还不够成熟的青少年,也就更容易在这些因素的影响下尝试吸烟了。

:小卡,你知道"小朋友,你是否有很多问号"这句流行语是从哪里来的吗？

:牛博士这么紧跟潮流啊,这个问题我都不知道。

:它来自一段歌词:"小朋友,你是否有很多问号,为什么别人在看漫画,我却在学画画……为什么要听妈妈的话,长大后你就会开始懂了这段

话。"牛博士虽然不能告诉你为什么要听妈妈的话,但是却可以告诉你为什么会听妈妈的话。

➤ 社会教化下的博弈——服从

从心理学的角度来看,"听妈妈的话"是一种服从。从儿童时代起,我们就接受着家庭与社会的服从训练,听话的被誉为好孩子,不听话的就要受到惩罚。这种服从的意识,在我们成长的过程中不断地从父母处、从学校中得到强化,最终使服从成为我们的一种习惯。慢慢地,我们不仅会服从家长、学校的要求,也会服从于其他的权威。虽然,不同的人服从的程度有强有弱,但可以肯定地说,没有一个人敢宣称:"我从来就不会服从!"

对西点军校的学员来讲,服从上级是百分之百正确的,因为他们知道,西点军校所造就的人才是作战人才,这种人要无条件执行作战命令,要带领士兵向危险的敌人进攻,没有服从就不会有胜利

 **实验小揭秘**

1963年,27岁的耶鲁大学心理学教授米尔格拉姆(S. Milgram)刊登了一份广告,邀请读者参加一项有关记忆的科学研究。在实验中,有一个学生被单独安置在一个房间内,负责实验的科学家向他提问,如果回答错误,米尔格拉姆就要求被试通过控制台上的开关电击那个学生,电压从15伏一直上升到标明"危险"的450伏。这名学生总是回答错误,不断遭到电击。电压一直上升,当电压显示"危险"时,被电击的那个学生开始尖叫,最后尖叫声被不祥的沉默所代替。尽管有所犹豫和抗议,但是65%的被试还是听从指令进行实验。而那个被电击的学生实际上是一名实验助手,他只是在模仿被电击的声音,其实没有受到一点伤害。

从米尔格拉姆的实验中可以看到,大多数人都是惧怕权威的,在法律和权威面前都会不自觉地表现出服从的行为。米尔格拉姆还继续研究了影响服从的一些因素。

米尔格拉姆对参加实验的所有被试进行了个性测验,发现那些服从实验者的命令、不断增加对"学习者"的电击强度的被试,其个性有如下特征:世俗主义,十分重视社会压力以及个人行为的社会价值。这些人毫不怀疑地接受权威的命令,并且对那些违反社会习俗和社会价值的人不屑一顾;他们多数不敢流露出真实的感受,思想、个性并不明显;喜欢跟着权威行事,害怕偏离社会准则。

聊一聊

猴子实验

"猴子实验"是西点军校实验室进行的一项经典实验。研究人员将5只猴子关在一个特殊的笼子中,笼子的顶部用链条挂着一串香蕉,链条的另一端又与淋浴器喷头相连,每当有猴子去拿香蕉时,冷水立刻就会喷向笼子,把5只猴子都淋湿。经过几次尝试之后,猴子们发现只要去拿香蕉,就会有冷水淋下来,让它们很不舒服,于是它们形成了一个规矩——不能去拿香蕉。之后,研究人员释放了一只猴子,并换了另一只新猴子进入笼子。新猴子看到香蕉想要去拿,这种不守规矩的行为使它遭到了其他猴子的殴打,逐渐地新猴子虽然不明白原因,但也学会了"香蕉不能拿"的规矩。之后,研究员不断用新猴子替换笼中的老猴子,直到笼子中再也没有最初参加实验的老猴子,但新猴子仍然奉行"香蕉不能拿"的规矩,即使再也没有猴子知道为什么了。

研究人员用这项实验论证了士兵学习服从的过程——不假思索地把一些自己已有体会的传统教给他人,并且让他人绝对不能违反,这就是服从。其实不只是士兵,在我们学习社会规范、接受社会教化的过程中,也少不了服从的作用。

:如果社会规范都靠服从来传递,那我们每天要说多少话,记住多少

规则啊!

:是啊,小卡,所以我们还会通过对周围人言行的观察,主动地模仿和学习,这就是观察学习。

➢ 别让孩子成为暴君——观察学习

心理学家班杜拉(A. Bandara)有一个经典实验,研究孩子对攻击性行为的观察和模仿。

研究者让幼儿园的孩子观看录像,录像中一个成年人K(榜样)攻击一个成人大小的充气塑料人。孩子们被分为三个组,每个小组看到的结局都不同。第一组孩子看到另一个成年人用饮料或糖果等奖励了K,并对他大加表扬;第二组孩子看到K被人用卷起来的杂志打了一下,并且被警告说下不为例;第三组孩子

虽然每个人都希望自己与众不同,但在形成差异前,观察、模仿是基础。

则看到,K的攻击行为没有任何结果,既没被表扬,也没受责备。接下来让孩子们自由活动10分钟。在自由活动的房间里有许多玩具,其中就有一个充气娃娃和许多K在攻击充气人时用到的东西,如木槌和皮球等。实验者则通过单向玻璃来观察孩子是不是通过前面的观察学会了攻击行为。

观察的结果是:三组孩子都表现出了一定的攻击行为。不过,正如班杜拉所预料的,孩子们自由活动时是否会表现出攻击行为取决于他们对结果的预期。尽管所有的孩子都学会了攻击,但那些看到榜样K被表扬的孩子比那些看到K被责备的孩子更明显地表现出了攻击行为。

班杜拉的观点是:通过观察习得的行为不一定会表现出来。例如,你没有过打人的经历,但你看过《大话西游》里至尊宝怎样对菩提老祖拳打脚踢,你知道打人时拳该怎样挥出,脚该怎样踹,这样的行为你肯定是学会了,但你可能从不会表现出来;打人一般不会有好结果,所以你不会那样做。观察学

习理论的提出为家长教育子女提供了十分有用的借鉴意义。

生活中的观察学习无处不在,孩子是最脆弱的,最容易受到外界刺激的负面影响。有研究发现,父母有暴力行为的孩子通常攻击性更强,长大后也更容易有暴力行为,因此父母在教育孩子的过程中要以身作则,树立好的榜样对于孩子的成长十分重要。有时候其他社会因素如电视暴力、媒体对暴力问题的过度渲染等,都会给孩子的成长带来"污染",增加了他们出现暴力行为的可能性。

曾有一项研究调查了美国的凶杀率和拳王争霸赛中公开暴力的关系。连续看了10场重量级拳王争霸赛之后,所有人都承认自己在不同程度上模仿了攻击行为。研究者对1973年至1978年的18次重量级拳王争霸赛之后的预期凶杀率和实际凶杀率进行了比较,结果发现,从比赛后的第三天开始,凶杀案的数量平均上升了12.46%。凶杀案最高的增长率出现在宣传力度最大、收视范围最广的比赛之后,即著名的阿里和弗雷泽之战,这场比赛结束后增加了不下26起凶杀案。父母应该对媒体节目尽可能地把好关,降低孩子观看和接触暴力节目的风险。

聊一聊

电子游戏与未来暴力

美国《未来学家》杂志的编辑们每年都会从杂志过去一年发表的观点和预言中,挑选出最动人的预测或展望。这些预测或展望是基于当前社会的发展趋势,对世界将会发生的重要变化所做出的令人深思的预言,杂志社的编辑们希望通过这些预言,激发人们对于未来世界的思考。在他们从2005年所选的趋势预测中,有一项是:人类下一代可能会更好斗、更具侵略性,因为他们把更多的时间花在了电子游戏上。电子游戏更具参与性,而且暴力和打斗色彩更浓。无论这项预言是否会成真,都值得我们认真反思。随着互联网的普及,越来越多的人选择网络游戏作为休闲消遣或与朋友交流互动的娱乐方式,而对战则是游戏中常见的任务设定,甚至有一些射击游戏以画面的刺激

第七章 家庭教育中的心理学

性作为吸引玩家的手段。对这类游戏的沉浸,可能会减少人们对暴力的敏感性,增加对暴力的容忍度,减少个人对暴力的抑制,甚至引发对暴力行为的模仿。随着游戏深入人们的生活,我们需要更多地思考关于游戏制作的规则,以及游戏内容的分级和玩家防沉迷机制的设置等问题。

:牛博士,你曾经告诉我,老师可以通过奖励的方式鼓励良好的行为发生,那么是不是出现了偏离的行为,也可以制止呢?

:小卡很聪明,懂得举一反三。确实,我们既可以对行为进行奖励,也可以进行惩罚,通过这种方式,能够对行为进行矫正。

▶ 胡萝卜加大棒——行为矫正技术

生活中我们经常会听到妈妈对孩子又贿赂又威胁地说:"你要努力学习,成绩提高了,妈妈就给你买新玩具;但是,如果你不好好学习,成绩退步了,那以后就别看《大风车》了。"生活中,很多家长正是通过"胡萝卜加大棒"的奖赏、惩罚和威胁等一系列技术手段,使得孩子们感受到难以抵抗的压力,最终改变行为。这就是斯金纳的操作性条件作用——有机体行为的结果决定其后来的行为。通过强化,我们可以增强某一行为出现的频率,通过惩罚则可以降低某一行为发生的可能。父母在家庭教育中对强化与惩罚的使用恐怕比教师在学校教育中的使用更加普遍,而家庭教育过程中强化与惩罚运用不当所造成的后果也更加发人深省。

对这种行为纠正方式,你应该不会陌生

我们常常看到这样的例子:很多家长常当着众人的面批评自己调皮捣蛋

的孩子,当孩子表现较好时家长就会停止批评。家长的本意可能是希望孩子变好,但是孩子却对家长的这种做法很不满,认为家长不尊重他,因此产生"破罐破摔"的想法,甚至逃学出走。这就是没能适当运用强化与惩罚技术的后果。父母只关注孩子的不良行为,一味地批评打击而注意不到孩子的良好行为,在他表现好的时候没有给予他及时的强化,如赞扬、奖励等,那么他的良好行为就不能保持。只有掌握好强化的时机,给予孩子充分的正强化,才能奏效。

另外,还有一些小孩子,他们任性胡为的行为就是要引起大人的注意。小孩子总是希望得到大人的关注,如果他的听话行为没有得到父母的注意,他就会转而调皮捣蛋,胡闹撒泼,以此引起注意。大人如果"上了当",对这种行为给予强烈的关注,无形中就强化了孩子的不良行为,以后孩子一旦需要大人的注意,就会变得很难缠。

斯金纳的观点不只是运用在学校和家庭教育中,在心理治疗领域也常被咨询师用来帮助矫正来访者的不良行为,由强化理论发展而来的一系列技术被称为"行为矫正技术"。

聊一聊

当使用惩罚时,应该注意什么?

惩罚分为阳性惩罚和阴性惩罚,阳性惩罚是在不恰当的行为之后,给予令人厌恶的刺激,比如对孩子的批评;阴性惩罚是在不恰当的行为之后,撤销喜爱的刺激,比如取消事先安排好的郊游。我们希望通过惩罚消除不良的行为,但却发现有时候惩罚并没有起到预期的效果,这是为什么呢?如何才能利用好惩罚的作用,同时尽量减少对孩子的伤害呢?

首先,惩罚需要有明确的规则。要让孩子理解为什么会制定这样的规则,也知道自己是因为什么而受到了惩罚,这样惩罚才能够起到作用。

其次,只能针对可以改正的行为做出惩罚。惩罚的作用并非无往不利,对于可以通过努力而改变的行为,比如不遵守学校的纪律、做出偏离性的行为,惩罚可以起到作用,但是如果孩子已经足够努力却没有获得想要的成绩,此时惩罚只会加剧他们的挫败感,产生对自己能力的质疑,甚至引起习得性无助。

再次,在实施惩罚时,要考虑孩子的心理特征和需求。自尊心比较强的孩子,能够以比较积极的方式看待挫折,在遭受惩罚后,能够从中恢复,并理解惩罚的原因,从而获得成长;但也有的孩子,只是希望通过不恰当的行为获得家长的关注,即使这种关注是惩罚,也胜过被忽视,此时一些激烈的责备反而成为强化物,让不良行为增多。

最后,注意惩罚的强度。一旦厌恶的刺激过多,超过了孩子能够承受的限度,或者引起超限效应,不仅不能起到预期的作用,还可能对孩子的身心造成损害。

:小卡,如果你因为帮助了路人而获得了妈妈认真的赞扬,在接下来的一天你会有什么变化?

:我会心里得意但面上矜持,在做别的事情时也会想起赞扬我的话,觉得我这么优秀的人一定要做得更好。哎呀,说出来可真不好意思。

:没错,适当的激励不仅能够对行为产生强化作用,还能够让我们想要在其他方面也做得更好。

▶ 以优势带劣势——配套效应

18世纪的法国有一位哲学家叫做丹尼斯·狄德罗,有一天,朋友送给他一件制作精良的睡袍,狄德罗非常喜欢。可当他穿着睡袍在书房里走动时,觉得书房的家具实在配不上这么华丽的睡袍,便为此改变了家里的陈设。但这并没有让他更舒服一些,因为狄德罗发现,他被一件睡袍"胁迫"了,于是他把这种感觉写成了文章——《与睡袍别离之后的烦恼》。

生活中我们也会这样,当穿上了心仪的鞋子,就想拥有与之搭配的裤子,

然后又需要一件合适的上衣……在拥有了一件新的物品后,就想要不断寻求与之相适宜的其他物品,以达到心理上的平衡,这就是配套效应,也称为"狄德罗效应"。配套效应是系统论的延伸,当整体中的某一部分发生变化时,其他部分也需要随之变化,以便与其配套,这是事物改变自身适应系统或改变环境适应自身的一种现象。

配套效应同样适用于家庭教育。每一个孩子身上都有闪光点,利用这些闪光点织就一件"睡袍",能够帮助孩子建立信心和目标,带动他其他方面的发展。如果孩子的数学很好,其他科目却成绩平平,可以告诉他数学需要很强的理解能力和逻辑思维能力,还需要严谨、细致的态度和作风,利用这些优势,他在其他科目上也一定可以取得进步。这样,数学学得好就是一件"睡袍",在其他科目上做得更好就成为这件"睡袍"配套的目标。在追求目标的过程中,不断给孩子提供积极的心理暗示和及时的正向反馈,取得进步也就不再是那么困难的事了。不过,优质的"睡袍"能够让人有更高的追求,劣质的"睡袍"则会对人产生负面的影响,在家庭教育中过分关注和放大孩子的缺点,就会给孩子的成长造成阻碍。

聊一聊

家庭教育中的蝴蝶效应

美国气象学家爱德华·罗伦兹提出,南美洲亚马孙流域热带雨林中的一只蝴蝶,偶尔煽动几下翅膀,可能会导致两周后美国德克萨斯州的一场龙卷风。系统中一些看似微小的变化,可能会带来严重的后果,这就是"蝴蝶效应"。青春期的青少年对别人的评价格外敏感,作为与他们有着亲密联系和深厚情感的人,父母家人的评价可能会成为掀动他们内心的蝴蝶,为他们披上或优雅或沉重的"睡袍"。因此,家长在教育孩子的过程中,需要注意言语和方法,避免给孩子贴上消极的标签,在细微之处引导和鼓励孩子向着更好的方向发展。

处于青春期的少年们,可能会对异性产生懵懂的情愫,这是一种微妙的情感,既包含吸引与亲近,又未必完全等同于爱情。对于这种情感,如果加以适当的引导,将成为成长中美好又独特的回忆;如果没能好好处理,则可能引起逆反,让美丽的涟漪变成涌动的波浪。

➤ 青春期的异性情谊——罗密欧与朱丽叶效应

莎士比亚的名著《罗密欧与朱丽叶》几乎人尽皆知:罗密欧与朱丽叶相爱,但由于双方的家族有世仇,他们的爱情遭到了极大阻力。但压迫并没有使他们分手,反而使他们爱得更深,直到殉情。在现实生活中,也常常见到这种现象:处于青春期的子女对异性产生了好感,父母怕影响孩子的学业,对此进行百般干涉,结果却不能减弱孩子们对异性的好奇和好感,反而适得其反。很多家长对于孩子在青春期遇到的这类问题可谓绞尽脑汁,不知如何是好。

心理学把这种陷入爱情中的人"越是艰险越向前"的现象称为"罗密欧与朱丽叶效应",即,当出现干扰恋爱双方爱情关系的外在力量时,恋爱双方的情感反而会加强,恋爱关系也因此更加牢固。这是有关爱情的一种"怪"现象。

为什么会出现这种现象呢?认知失调理论很好地解释了这个颇具罗曼蒂克色彩的效应。人都有一种自主的需要,希望自己能够独立自主,而不愿自己是被人控制的傀儡。当人们被迫做出某种选择时,对这种选择会产生高度的心理抗拒,这种心态会促使人们做出相反的选择。因此,当外在压力要求人们放弃自己选择的恋人时,由于心理抗拒的作用,人们反而更转向自己选择的恋人,并增加对恋人的喜欢程度,使双方的感情更牢固。当这种恋爱阻力不存在时,双方却有可能分开。经历过重重阻力和生死考验的爱情,不一定能抵挡得住平凡生活的冲击。当

爱情的阻力消失时,也许曾经苦恋的两个人反而失去了相爱的力量。正是这种心理机制导致了罗密欧与朱丽叶的爱情故事一代代地不断上演。

了解了罗密欧与朱丽叶效应,青春期的孩子及其家人应该能从中得到启示。家长在说服教育时,一定要注意方式方法,不要强行禁止,采取"高压政策",而要循循善诱,晓之以理,动之以情,因势利导,切忌动辄不分青红皂白地批评、训斥、打骂甚至当着众人的面羞辱他们,这极容易产生罗密欧与朱丽叶效应,使事情向相反的方向发展。对于青少年来说,父母的反对一般都有一定的道理,不妨理性地与父母交流一下看法,而不是把恋爱建立在"逆反""抗拒""维护自尊""满足好奇"的基础之上。

聊一聊

恋爱中的吊桥效应

了解了"罗密欧与朱丽叶"效应,你会发现,我们并没有自己以为的那么了解自己,我们以为的"喜欢"也并没有那么强烈。恋爱的错觉不仅可能来源于与外界的对抗,也可能来源于环境的"刺激"。

心理学家曾经做过这样一个实验。他们选择了一个公园作为实验的地点,这个公园里有一座全长137米,宽1.5米的吊桥,吊桥悬挂在河谷的上方,人们通过时的脚步和河谷上的风带动吊桥微微摇晃,每个经过的人都提心吊胆。走过这座惊险的吊桥后有供人们休息的椅子。实验者的女助手会邀请在椅子上休息的男性完成一项问卷调查,并留下写有自己名字和电话的卡片。一组接受调查的人们刚刚经过吊桥,还保留着惊险的感觉,心跳加快,手心也在微微出汗,另一组则已经休息了一段时间,从惊吓中平静了下来。结果第一组男性中有更多的人给女助手打了电话。这是因为,人们很难分清自己心跳加速的反应是吊桥的惊险还是有魅力的女助手引起的,从而误以为自己是对女助手产生了恋爱的感觉。

同样的,如果与异性的寻常接触被神秘化或者受到高度的控制,人们也会把这种接触看成是新奇的、紧张的,并将这种反应理解为怦然心动。你有没有被自己的感觉欺骗过呢?

第七章 家庭教育中的心理学

:小卡,你有没有过偷偷地熬夜看小说或者电视剧的经历?

:牛博士,你不要告诉我爸爸妈妈,我偷偷地看过。因为情节太吸引人了,很想要一口气看完,不然躺在床上会一直想,一直想,然后就越看越晚了……

:小卡,不要紧张,我能够理解你,让我来告诉你这是为什么吧。

➢ 挥之不去的紧张感——蔡加尼克效应

连载中的小说、更新中的电视剧、没有通关的游戏、犹豫之后没有买下的鞋子……生活中,让我们时常惦记的,总是那些没做完的事情。格式塔心理学派认为,每个人都有一种力求完整的"完成欲",渴望生命中的每件事情都有始有终,并对那些未竟之事念念不忘。今天你是否会想起昨天你写的日记不得而知,但却更容易想起一段没写完的日记。

心理学家蔡加尼克(Zeigarnik)曾经做过这样一项实验。他将参与实验的学生随机分为实验组和控制组,给每个人布置15—22种不同的任务,这些任务难易程度不同,但完成每项任务所需的时间却差不多。对于实验组的学生,每当任务进行到一半就会被要求停下来去做其他的事情,而控制组的学生则可以不受干扰地完成所有的任务。结果发现,所有参与实验的学生在接受任务时都呈现出一种紧张状态,但是控制组学生的紧张状态会随着实验的完成而消失,实验组的学生由于未能顺利完成任务,紧张状态会持续存在。在实验结束后,请参与实验的学生们回忆自己被分配的任务,发现实验组的学生对任务的记忆更加清晰,可见在一段时间之内,这些任务一直萦绕在他们的脑海当中。对未完成的任务记忆更深,且持续处于紧张状态,这就是蔡加尼克效应。

在校的中学生们也一直处在不同的学习任务当中,如果任务不能完成,就会生活在紧张感之中。我们会看到,有些同学每天早起晚睡,学习非常认真投入,也很少与人交流或玩游戏,但成绩却并不理想,这或许就是因为他们持续处于压力和紧张当中,产生了消极的影响。因此家长和学生自己需要注意学习的状态,特别是初三和高三的学生,如果将考试定为终极的目标,在考试结束之前,将会一直处于未完成的状态。紧张的情绪总是萦绕在心头,心理负担过重,反而会导致失眠、焦虑和学习效率的下降。此时,家长要注意不要给孩子过大的压力,帮助孩子一起设定不同层次的学习计划或目标,既为生活留出一定的空隙,也能够帮助孩子从完成目标的成就感中汲取信心和力量,以更好地投入到下一阶段的学习中。有时,孩子没有办法集中精力进入到学习状态中,特别是在家中更是如此。这时可以检查一下学习环境中是不是有其他未完成的事物,是否有游戏机、手机、课外书在吸引着孩子的注意力,把这些事物整理好,营造良好的环境,也能够为高效学习提供助益。

聊一聊

耶克斯—道德迅定律

在生活中,我们每个人都不可避免地承受一些压力,过度的压力会让我们感到疲惫、难以集中精力处理好问题;但有时我们会发现,截止日期之前的学习和工作效率更高,这是因为适度的压力反而会激发我们的潜力。因此,压力并非全然是不好的。紧张的状态伴随着生理上的唤醒,而唤醒水平与工作绩效之间存在着倒 U 型曲线的关系:随着唤醒水平的增强,工作绩效逐渐提高,直至达到最佳唤醒水平;唤醒强度的再增加又会引起绩效的下降。最佳唤醒水平与任务难度有关,对于复杂的任务,最佳唤醒水平较低,而完成简单任务需要的唤醒水平则较高。因此,在任务面前,适度的紧张是一种自然的反应,也有利于任务的完成,我们无需对自己的紧张太过担忧。但如果出现了过度的紧张,则需要主动地进行心理调节,以保持较好的学习状态。

第七章 家庭教育中的心理学

❓ 考考你：

1. 列举生活中"观察学习"的例子。

2. 如果你是孩子的父母,你将如何处理子女的青春期情感问题?

3. 一个孩子老是爱摔东西,你如何运用奖励或是惩罚来改变他的坏习惯?

4. 对照你父母平时的教育方式,结合本章学到的心理学知识向他们提出一些建议。

第三篇　心理万花筒
——生活中的心理学

　　当我们认知身边的事物时,在我们体验家庭和学校生活时,在我们逐渐成长的过程中,心理学的现象和规律无处不在。心理学揭示了我们如何组织和理解周围的世界,告诉了我们老师和家长使用的教育方法,说出了我们在成长中的期待与迷茫、喜悦与不安。我们生活的方方面面都贯穿着心理学的知识。而我们自己,也通过体会和反思自己的情感、态度和行为,成为一个个"朴素的心理学家"。

　　本篇邀请各位"朴素的心理学家"一起来体味日常生活中的心理学。我们如何形成对他人的整体印象?喜欢与什么样的人交往?当交往对象从一个人扩展成为一个群体时,我们的行为又会受到怎样的影响?在我们已经习惯了的生活中,有哪些心理学规律在我们没有意识到的时候发挥了怎样的作用?让我们寻找生活中的心理学,看看是不是与自己的经验不谋而合。

第八章
人际交往中的心理学

：小卡最近在看什么书?

：牛博士,我念一段给你听,你来猜猜看。

"厮见毕归坐,细看形容,与众各别:两弯似蹙非蹙罥烟眉,一双似喜非喜含情目,态生两靥之愁,娇袭一身之病。泪光点点,娇喘微微。闲静时如姣花照水,行动处似弱柳扶风。心较比干多一窍,病如西子胜三分。"

：这是《红楼梦》中宝玉初见黛玉时眼中、心中的黛玉形象。只此一见,宝玉就觉得似曾相识、一见如故,顿生怜爱。小卡,你想不想知道如此美好的第一印象是怎样形成的?与之相反,为什么有些人初次见面就相看两厌?

下面就让我们一起看一看,在人际互动中,人们是如何形成对他人的印象,又是以怎样的行为方式和心理特征保持或增加自己的吸引力的。

:在与人交往时,我们可以从他的言谈举止、处事为人、别人对他的评价中获得许多关于他的信息资料,而人们是怎样利用信息对这个人形成印象的呢?

印象是指我们对别人的看法。在很多情况下,我们不是等到把握了他人的全部特征后再形成对他人的印象,我们会根据有限的甚至是片断的信息进行加工整理,形成对他人的印象。在这一对信息的加工过程中,心理学研究发现有两种加工方式:平均模式和累加模式。

➤ 印象形成的信息加工——平均模式与累加模式

平均模式是指我们把认知到的有关他人的特征信息相加,然后再求其平均值,以此平均值为基础,形成对他人的印象。

累加模式正好与平均模式相反,是指我们在对他人形成印象时,把认知到的有关他人的各种品质相加,求其和,以此形成对他人的总体看法。让我们结合具体的例子,来看一看两种模式是如何发挥作用的:

第一种情况:我们和小王第一次交往时,发现小王是一个真诚、聪明的人;后来我们在与他的第二次交往中,又发现他还是一个朴素、安静的人。第二种情况:我们先是认知到小王是朴素、安静的,后又认知到小王还是真诚、聪明的。那我们在两种不同的情况下对他的两次印象会有什么不同吗?心理学研究指出,人的心理品质在社会交往中所起的作用是有差异的,因而可以赋以不同的品质不同的分值。真诚、聪明可以说是非常优秀的心理品质,我们各赋3分;而朴素、安静是比较优秀的品质,我们各赋1分。运用两种模式计算的结果如下表。

	平均模式	累加模式
第一种情况	第一次(3+3)÷2=3分 第二次(3+3+1+1)÷4=2分	第一次(3+3)=6分 第二次(3+3+1+1)=8分
第二种情况	第一次(1+1)÷2=1分 第二次(3+3+1+1)÷4=2分	第一次(1+1)=2分 第二次(3+3+1+1)=8分

运用两种模式计算出的结果说明了什么？说明了运用平均模式时，有关他人信息资料的先后顺序影响着我们对他人的印象形成，即当一种一般性的肯定性信息资料（+1）与先前建立起来的很令人满意的肯定性资料（+3）联系在一起时，我们对他人的综合评价不仅不会上升，反而会降低；而反过来，如果我们先是认知到他人的一般性的肯定的品质（+1），后又认知到他人的积极的肯定的品质（+3），我们对他人的好感就会上升，而不是降低。当我们用累加模式作为印象形成的依据时，情况正好相反，即只要感受到他人的好品质，不管前后好的程度是否相同，我们对他人的好感都会上升，而不会下降。

两种模式所得到的结果完全不一样，那么在生活中我们到底会选择哪一种模式呢？心理学家诺丁曼·安德森通过他设计的一系列精细而准确的实验验证了在生活中大多数人是使用平均模式形成对他人的印象。他发现，当一些仅属于比较积极肯定的品质或中性的品质（如固执），与先前建立的非常积极肯定的品质联系在一起时，大多数被试对他人的综合评价不但不会增高，甚至还可能降低。同时在实验中他也发现，有小部分的被试则喜欢采用累加模式形成对他人的印象。

聊一聊

平均模式的改良：加权平均化模型

在平均模式中，我们对一个人的印象会随着了解的深入而发生变化，相对于累加模式对整体情况的关注，平均模式能够更好地反映出印象形成过程中的细节。然而安德森并没有就此止步，他进一步对平均模式进行了修改，提出在平均化的过程中，我们会对自己认为重要的品质赋以更高的权重，这就是加权平均化模型。这一模型更加接近真实的印象形成过程，因为当我们面对不同的人时，会看重不同的特质，例如对于一位歌手，我们会更加看重他的演唱能力，但是对于一位演员，表演能力就更为重要了，这些专业能力能够在一定程度上弥补他们身上的其他不足，这也就是粉丝们常说的"业务滤镜"。

:影视作品中常会有一些反派角色,他们的身上也不是没有好的品质,比如精明强干、遇事果断,但观众并不会因此而喜欢他们,这是为什么呢?

➢ 百功难抵一过——黑票作用

司汤达的《红与黑》写了于连短暂的一生,于连是个聪明的青年(+3),他从小就有很高的志向(+3),他长得英俊(+3),很讨人喜欢(+3),他的性格坚强(+3),他喜欢征服一切难以解决的事情(+3),他学习刻苦认真(+3)。他的这些品质似乎会让他成为一个非常招人喜欢的人。可是,你在小说中还会发现,他从小的志向就是往上爬,爬出他的平民阶级而享有高官厚禄,并且不惜利用爱他的两个女人的感情(-6),你还会喜欢他吗?如果采取平均模式,你对他的印象分不会很低,可实际上当我们知道于连是个品质上有很大问题的人之后,不会利用平均或累加模式来看他,相反,会因为发现他的恶劣品质后,对他全面否定,给他负分。

这样的美女会给你怎样的印象?

看来,对人印象的形成,不是各种品质简单地累加或平均。心理学家阿希认为,每次当概念的部分发生变化时,对一个人形成的整体概念也会发生变化。整体不是各部分的机械组合。由于各种品质性质的不同,对印象形成的影响程度也不同。

于连的聪明、坚强,因为他的冷酷、偏执而更加具有威胁性,具有潜在的破坏性。他的那些优秀品质不但没有使我们觉得他更好,反而觉得他更坏,更可怕。这样看来,积极肯定的品质与消极否定的品质并没得到一样的对待。虽然人们为了达到一种完全一致的印象,似乎也会去平均他们了解到的所有品质,但与积极肯定的品质相比,他们会更注重消极否定的品质。也就

第八章 人际交往中的心理学

是说,对同一个人来说,在所有其他品质都相等的情况下,一种消极否定的品质比积极肯定的品质更能影响印象的形成。在心理学上,有人把这一现象叫做"黑票作用"。

另外,在对他人的印象形成中,我们究竟怎样利用已有资料来评价他人,也跟我们的个性有关。有些人倾向于一开始就接纳别人,看他们的优点,而发现别人的缺点时,也能尽量忽略它、原谅它。而有些人则倾向于一与人接触就看对方的缺点,即使发现了对方的优点也不会马上就对他做出肯定,而是谨慎地继续观察。可以说每个人评价他人的眼光和方式都是不同的。

聊一聊

决策中的黑票作用

在印象形成的过程中,积极品质和消极品质的作用并不相同,消极品质引起的恶感远超过积极品质带来的吸引力。在决策当中也是这样,在面对相同数量的损失和收益时,人们对损失的恶感大于对收益的喜好,得到20元钱并不会让人很快乐,但损失20元钱却会带来更多的痛苦。人们害怕失去,所以总是在试图避免损失。有研究者对此进行了验证。他们请被试来玩一个赢钱游戏,被试面临两种选择:A.肯定能够赢得250美元;B.25%的可能性赢得1000美元,75%的可能性什么也得不到。结果有84%的被试选择了选项A,尽管两个选项的数学期望值是相同的。如果是你,会选择哪一个选项呢?

:小卡,你知道为什么面试时要尤其注意着装礼仪吗?

:因为面试官第一眼看到的就是一个人的外在形象。

:确实如此,可不要小看这第一眼的作用哦。

第一印象先入为主——首因效应与近因效应

在与人交往的经历中有没有人给你的印象是完美无缺的又是十恶不赦的;是诚实的又是虚伪的;是热情的又是冷酷的;是体谅人的又是虐待人的?你一定会回答怎么可能会有这样的人,那是因为我们倾向于将认知对象看成一个完整的、综合的形象。这其中,有很多因素影响着我们对他人印象的形成。首先,就是第一印象的先入为主效应。

首因效应

"我想要张柏芝的鼻子,林青霞的下巴。""我想要刘德华的鼻子,古天乐的下颌。"……为10月份开始的求职之路做准备,大学生的医学整容火了!

虽然我们都知道不应该以貌取人,但是在求职、交友等很多社会情境下还是避免不了在相貌的基础上对他人形成印象,特别是在形成第一印象时外表的作用非常重要。

第一印象是指两个素不相识的陌生人第一次见面时所获得的印象,主要是获得对方的谈吐、表情、姿态、身材、仪表、年龄、服装等方

三分钟决定成败?

面的印象。这种初次印象在对人的认知中起着很大的作用,它往往是双方今后是否继续交往的重要根据。第一印象在人们交往时所发生的这种先入为主的作用,就叫做首因效应。

 **实验小揭秘**

心理学家洛钦斯(A. S. Lochins)是第一个对首因效应进行研究的学者,1957年他杜撰了两段文字材料,内容主要是一个名叫吉姆的学生的生活片段,这两段文字展现的内容恰好相反。一段内容把吉姆描写成一个热情而外向的人,另一段内容则把吉姆描写成一个冷淡而内向的人。

第八章 人际交往中的心理学

洛钦斯把这两段材料按照阅读方式给以不同的四种组合,又把被试分为四组,让他们分别阅读其中一种组合,然后要求各组被试回答"吉姆是怎样一个人?"结果如下:

组别	实验条件	友好评价(%)
1	先阅读热情外向材料,后阅读冷淡内向材料	78
2	先阅读冷淡内向材料,后阅读热情外向材料	18
3	只阅读热情、外向材料	95
4	只阅读冷淡、内向材料	3

由这一结果可看出,第一印象确实对我们认识他人并形成对他人的印象有强烈的影响。但在第一印象的形成过程中,由于时间短暂,第一印象所获得的材料通常是与外表有关,而外表有时会具有很大的欺骗性,因此第一印象有时候会失之片面,甚至使我们对他人产生偏见。

:牛博士,我不明白了,你说第一印象很重要,但又说它会骗人,那么我到底能不能相信第一印象啊?

:第一印象有欺骗性不代表第一印象不重要,毕竟我们中的大多数人还是非常相信第一印象的。所以从自己的角度,第一次与人接触,还是要非常注意自己的外表、谈吐和修养,从而给人留下好的第一印象;但是从判断他人的角度出发,也要注意多多观察,不要妄下结论。

近因效应

有一个人一向很温柔,但突然有一天,她发怒了,恶狠狠地对你说话,你就很有可能把她一向的温柔给忘记掉,这就是近因效应的作用。近因效应指的是新得到的信息比以往所得到的信息给人的刺激更加强烈,会给我们留下更为深刻的印象,从而使我们"忘记"以往的信息,而凭新获得的信息对他人做出判断。

近因效应在个体感知熟人时作用比较明显,特别是在对方出现了某些新异的举动时。就像一个老好人,有一天突然对你发了很大的火,从此给你留下了极为深刻的印象。

在日常生活中,尽管到处存在着首因效应和近因效应,但我们还是应该时时警示自己,与他人交往时尽量不要戴着首因效应和近因效应的有色眼镜去看人。他人的性格、内涵不是一朝一夕就能下定论的,要想真实地了解一个人,就要全面地对其进行考察,正是"路遥知马力,日久见人心"。

聊一聊

巧用近因效应实现"逆袭"

在印象形成的过程中,首因效应与近因效应都发挥着重要的作用。但两者也有一些"分工"。在与陌生人交往时,首因效应较为突显,而在与熟人交往时,近因效应的作用更大。这就意味着,首因效应虽然强大,但也并非无可改变。有一位女明星,在出道时因为种种原因受到观众的排斥,之后无论她出演怎样的剧目、参加怎样的活动,都遭到网友的负面评价。于是这位女明星选择沉寂一段时间,用运动来排解压力。当她再次回到公众视野中时,形象巨大的转变给人们留下了深刻的印象,她凭借健康、励志的形象实现了口碑和事业的逆转。如果你也在第一印象中遭遇了滑铁卢,不如尝试积攒实力,展现自己的改变,利用近因效应挽回形象。

：小卡，为什么同学们喜欢买明星、动漫或者游戏的周边产品呢？

：因为喜欢这些人、这些作品，所以就会喜欢他们的衍生物啊，这是很自然的事。

：那你知道吗，这种"爱屋及乌"也存在于印象形成的过程中。

➢ 情人眼里出西施——光环效应

在学校里经常会有这样的现象，某学生数学考试不及格，他的数学老师就容易推断出这个学生一定是贪玩的学生，平时学习不努力，听课不专心，做作业不认真，天资不聪慧，将来也不会有大作为，等等，从而对这个学生的学习不太过问了，不知不觉中也就忽视了这个学生的点滴进步，失去了对这个学生进行激励的大好时机。而对一个数学成绩好的学生，数学老师往往会认为这个学生学习努力、认真，天资聪慧，将来必有出息……为此

在与该学生的互动中也就会自觉不自觉地关注这个学生的进步，并及时给予鼓励。

为什么会发生这种现象呢？心理学认为这是由知觉者的情感而引起的对人的一种主观倾向，并把此现象称为**光环效应**。由于我们认知他人时会受情感因素的影响，因而对他人的评价常出现偏差，这一偏差表现为当某人被我们赋予了一个肯定的、被我们喜欢的特征之后，那么这个人就可能被我们赋予其他许多好的特征。反之，如果某人存在某些不良的特征，那么他可能

会被认为所有的一切都是坏的,这一现象又被称为"坏光环效应",还被形象地叫做**"扫帚星效应"**。

在生活中,我们大多数人对他人的印象往往会受到光环效应或扫帚星效应的影响。比如,我们在和一个女孩子接触中感受到她是一个性情温柔的女孩,那么她同时就可能会被我们认为也具有善良、谦虚、整洁、聪明的好品质。而我们在和另一个女孩子的交往过程中,发现她的性格很暴躁,我们往往也就会认为她还是一个粗野、无知、任性的女孩,我们会很讨厌她,甚至认为她将来一定一事无成。这就是我们在认知他人时所谓的"一好百好,一恶百恶"的好或坏光环效应,即使你觉得那个温柔的女孩子有时有些自私,你也不大会不喜欢她,也许你还会说"毕竟,自私是人的本性,人无完人嘛!"这就是我们平常所说的"爱屋及乌"。

明星的光环效应是最为显著的,这也成为追星一族盲目追星的主要原因

聊一聊

亚里士多德被称为百科全书式的哲学家,他的学问涉及天文学、地理学、物理学、伦理学、政治学等领域。一直到中世纪,整个人文科学和自然科学都沉浸在亚里士多德的理论当中。长达一千年的"黑暗"的中世纪,占统治地位的亚里士多德—托勒密的地心说坚决反对"地动"的观点,而主张"天动"。中世纪的人们对此深信不疑,以致哥白尼用其一生来证明地心说是错误的,竟被指责为"滑稽可笑的";而后来的伽利略为此付出了巨大的代价。这正像牛顿说的:"如果我之所见比笛卡儿等人要远一些,那只是因为我是站在巨人的

肩上的缘故。"这一方面说明了牛顿的力学是建立在前人的基础之上,另一方面也说明了,要站在前人的肩上,而不是活在前人的光辉当中,只会低头称"是"。

但是后人并没有从牛顿的话中吸取智慧,自从有了牛顿力学,人们便如获至宝,虽然有人也提出了许多疑问,但也很快被自己和周围的人们给否定掉,"这不可能!"人们被牛顿的光环所笼罩,失去了挑战和质疑的勇气和能力。历史又在重演,直到爱因斯坦的出现,人们才走出经典力学的框架。正是光环效应使我们总把伟大人物的理论或学说看成是最好的,而不愿去探索或发现更完善的真理,从而使我们常常与真理失之交臂。

:小卡,你喜欢和热情的人交朋友吗?

:当然喜欢了,因为热情的人开朗大度,很好交流。

:我并没有给出具体的信息,但你却能围绕"热情"的品质脑补出这么多的内容,可见"热情"在我们对人的判断中发挥了多么大的影响。

▶改变命运的黄金支点——热情的中心性品质

 **实验小揭秘**

美国心理学家阿希(S. Asch)在1946年做过这样的经典实验,他给一些被试一张描述某个人的特点的表格,其中包括7种品质:聪明、熟练、勤奋、热情、坚决、实干和谨慎;同时,也给了另外一些被试一张罗列某人品质的表格,这张表格中只是把上述的7个品质中的"热情"换成"冷酷"。然后,阿希请两组被试对表格所描述的人给出一个较详细的人格评定,并要详细地说明最希

望这个人具备哪些品质。结果阿希从两组被试那里得到了完全不同的答案：第一张表格所描述的人，仅仅因为有热情的品质，就受到了被试们的喜爱，被试们毫不吝啬地把一些表格中根本没有，也根本与表格中所列品质无关的好品质，统统地"送给"了他；而第二张表格所描述的人，仅仅因冷酷的品质替代了热情，结果受到了被试们的厌恶，被试们在评价这个人时把一些在表格中根本没有，也根本与表格中所列品质无关的坏品质，统统地"送给"了他，对他的品质期待也是很消极的。这一实验结果表明，热情还是冷酷，可使一个人对他人的吸引力，发生实质性的变化。

心理学家们认为热情这个品质之所以可以左右人在社会交往中被喜欢与欢迎的程度，是因为热情—冷酷这一对品质包含了更多的有关个人的内容，它们和人的其他人格特性紧密相关。因此，一旦我们认识到一个人是热情的，我们就会把联系在其周围的其他优良的品质也"配送"给他；而相反，当我们认识到一个人是冷酷的，我们就会把联系在其周围的其他不良品质"配送"给他。可见，在对人类的品质描述中，热情—冷酷这对词就好像是居于相关词汇的中心，它们左右着人类的一些其他品质，因此，在心理学上通常就把热情—冷酷这对品质叫做中心性品质。

聊一聊

热情与能力的补偿效应

人们对他人的评价受两个维度的影响：与社会性特质有关的热情维度、与智力特质有关的能力维度。这样看来，根据每个人在热情和能力维度上获得的评价，似乎可以将人分为四种类型——高热情且高能力、高热情且低能力、低热情且高能力、低热情且低能力，那么实际情况是否如此呢？心理学家 **Yzerbyt** 发现，在人们的评价中，热情与能力之间存在一种类似于补偿的负向关系，也就是说那些高能力的人容易被知觉为是低热情的，而高热情的人可能会被视为低能力；就像能力强的人常常被说成孤傲，而平易近人的人有时被人说成本事不够。

此时你是否产生了疑惑：根据上一节的光环效应和本节的热情的中心性品质作用，高热情的人也应该被赋予高能力，那么要如何解释这种看似矛盾的情况呢？为此研究者做出了进一步的阐述,只有当我们比较两个不同的人的差别时,这种热情与能力之间的补偿关系才会出现,我们会把那个相对热情的人看做是两个人之中能力较低的,而将能力更强的那个人评价为没有另一个人那么热情,这种认知方式让被比较的两人之间形成了明显的反差,这就是补偿效应的完整阐述。然而当不涉及社会比较时,补偿效应也就不会出现。由此可见,每一种理论都能够在一定程度上解释对应的社会现象,但是仅靠单一的理论,常常不能够提供最为完整的解释,这也正反映了人的心理的复杂性。

既然我们对他人在能力与热情维度上的评价同时受到了补偿效应、光环效应和热情的中心性品质作用的影响,那么最终二者会呈现怎样的关系呢？研究发现,对于能力比较低的人们,随着能力评价的提高,在热情维度上的评价也会有所提升;对于能力很强的人们,热情维度的评价则会随着能力评价的提升而降低;而对于能力处于中等水平的人们,对他们热情维度的评价与能力无关。

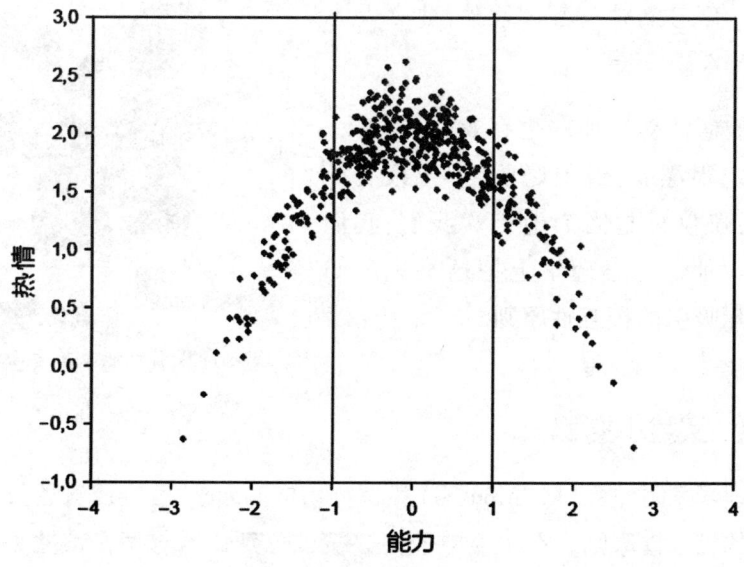

热情与能力的倒 U 型关系

:小卡,你喜欢的朋友也同样喜欢你吗?

:当然是了,朋友就是要相互喜欢,当我觉得我最好的朋友对别人比对我更好,我会不高兴呢。

:是啊,我们喜欢被人喜欢的感觉,也喜欢那些喜欢我们的人。

➤ 投桃报李——人际吸引的相互性原则

你们用什么量器量别人,别人也必用什么量器量你。

你期望别人怎么待你,你也要怎么待人。

我们通常喜欢那些也喜欢我们的人。他不一定很漂亮,或很聪明,抑或很有社会地位,仅仅只是因为他喜欢我们,我们也就喜欢他了。心理学上把这一现象归因于人际吸引的**相互性原则**。

人际吸引可能是单方面的吗?

 **实验小揭秘**

心理学家阿伦森(E. Aronson)和林德(D. Linder)曾经以实验证明人际吸引中的相互性原则。在实验中他们让被试分别体验与两个实验助手的相互交往,而被试不知道与自己交往的是实验助手,而是把他们当成和自己一样来参加实验的被试。被试和实验助手的交往是通过一起合作完成某项实验者安排的工作而实现的。在第一次合作后,实验者给他们一段休息的时间,在休息时,实验者设法使被试很"偶然"地听到了两个实验助手和实验者

第八章 人际交往中的心理学

的谈话。在谈话中,两个实验助手都谈到了对被试的印象,其中第一个实验助手用相当奉承的语气,一开始就说他喜欢被试,而第二个实验助手则对被试持批评的态度,对被试做出了否定的描述。休息时间过后,两个实验助手又回到实验室和被试一起继续合作。等第二次的合作结束后,实验者请被试对与自己合作的两个实验助手进行评价,并回答自己在多大程度上喜欢与自己合作的两个伙伴,即两个实验助手。实验的结果正如实验者所预料的那样,被试的评价与两个实验助手对他的评价是相对应的:第一个实验助手喜欢被试,因而被试也喜欢第一个实验助手;第二个实验助手表示不喜欢被试,因而被试也不喜欢第二个实验助手。由此证实了人际交往中的相互性原则,即如果关于某人的全部信息资料说明他喜欢我们,我们就可以预先确定我们也喜欢他;而如果关于某人的全部信息资料都说明他不喜欢我们,那我们也可以预先确定我们也不会喜欢他。

　　人际吸引的相互性原则也有着适用的范围。心理学家发现,一个人如果自我尊重程度较强,较为自信,那么别人对他表示出的喜欢和赞扬,他可能并不太在乎,因而人际吸引的相互性原则对这种人的作用也就不太大。而那些具有较低自我尊重的人则不然,因为他极不自信,所以特别需要别人的肯定,特别看重别人对自己表达出的喜欢情感。

　　在实际生活中,应该说大多数人都不是很自信的,自我尊重的意识常常并不很强,因而大多数人都特别需要别人对自己的肯定,而且越不自信时就越需要别人的肯定。如果有很多人都说我们很好,都说喜欢我们,那么我们往往会越来越自信。随着喜欢我们的人的增多,我们可能就不大会像起初那样去喜欢认识新的朋友了,这是由于我们的自我尊重程度提高了。

　　还有一个原因决定着我们去喜欢那些喜欢我们的人,那就是报答。"他那么喜欢我,而我竟没有一个反应,好像有些不像话嘛!"我们往往是迫于一些压力或内疚,不想让人失望,不想让别人"热情热心换冷淡冷漠",我们想让别人知道我们也是有感情的,也是比较热情和知道回报的人,于是,我们也对对方表现出喜欢。

　　另外还有一个有趣的现象,如果一个人自始至终都对我们表达喜欢的话,我们可能不仅不珍惜,反而还会因为对其动机和智力的怀疑而不喜欢他;

而当另外一个人,起先表现出对我们的不喜欢,但是经过一段时间的交往后,他变得喜欢我们了,这反而会提升我们对其智力和诚意的判断,我们会更强烈地表现出对他的喜欢。

聊一聊

愉悦的心境增进"喜欢"

我们会被他人的外貌吸引,对明星尤其如此,但是一些喜剧演员的外貌并不出众,却仍然广受喜爱,这是因为,我们喜欢那些让我们心情愉悦的人。想想你身边那些幽默逗趣的朋友,是不是也很受同学们的欢迎?不仅是自带的幽默天赋具有吸引力,当我们把愉悦的心境与某个人建立联系时,也同样会被他吸引。在一次愉快的郊游之后,同学们之间的关系会更加融洽,即使是没有太多互动、彼此不太熟悉的小伙伴,也会因为共享了这份快乐而被打上滤镜。同样的,当我们毕业后,再见到原本关系普通的同学,也会产生浓厚的情感,现在你知道这是为什么了吗?

:小卡,你知道吗?能力最强的人,却不一定是最受喜爱的人。

:可是能力明明会增加一个人的吸引力啊,这是为什么呢?

➢ 完美的人不一定更招人喜欢——能力

一个群体中最有能力、最能出好主意的成员往往不是最受喜爱的人,为什么会有这种现象呢?因为每个人对于他人都有着两种不同的需要。一方面人们希望自己周围的人很有能力,因为这会使工作、学习和生活更轻松;但同时,如果他人超凡的才能使人们可望而不可即,人们就会感到一种压力。

第八章 人际交往中的心理学

因此,当一个人的能力和人格都达到了普通人可望而不可即的境界时,人们就只好敬而远之了。

显然,能力与被喜欢的程度在一定限度内成正比例关系,一旦超出了这个限度,其能力所造成的压力这一变量就成了主要的作用因素,使人倾向于逃避或拒绝。

 **实验小揭秘**

心理学家阿伦森等人于1966年做了一个实验,让被试听4个不同的录音带。在第一、二段录音里面的人被描述为能力极强,问了他一系列的问题他回答对了92%。他说他在大学期间是一个出色的学生,是学报的编辑,是一个移动摄影队的队员。第三、四段录音里的人被描述得与前面的不同,他仅仅答对了30%的问题。他说他在大学中的成绩一般,他尽力加入摄影队但是没有成功。在第一段和第三段录音将近结束时,录音机里传出脚步声和一声惊呼"我把咖啡打翻了,洒满了我的新套装"。在第二和第四段录音中,没有传出这样的声音。结果显示,当能力强的人表现出某种程度的笨拙后,他们的吸引力反而增加,而能力弱的人做出某种笨拙的行为后,吸引力显著减少。

E. 阿伦森等人的研究表明,一个看起来很有才华的人,如果犯一点小小的过错,或暴露出一些个人的弱点,反而会使一般的人喜欢接近他。有能力的人犯些小错误反而会增加其人际吸引力,这种现象叫犯错误效应。

游戏动一动

我们每个人都希望拥有良好的自我形象,你的形象如何呢?让我们借助镜子去看一看,现在的自我形象。

	现在的自我形象
容貌	
身材	
服饰	
言谈举止	

你理想中的自我形象又是什么样子呢?

	理想的自我形象
容貌	
身材	
服饰	
言谈举止	

:当进入一个新的学校时,你会最先和谁成为朋友?

:坐在我座位旁边和前后的人,还有和我一路回家的人。

:那你知道其中的原因吗?让我来为你解答吧。

➢ 远亲不如近邻——人际吸引的接近性原则

当我们进入新的环境,最先认识的就是我们身边的人——班级的前后座、附近工位的同事、同住的室友、新家的邻居、隔壁车位的主人……而当离开熟悉的环境,能够一直保持联系的,也大多是与我们的新学校、新工作地点或者新家距离较近的人。接近性为建立友谊提供了强大的助力。

利昂·费斯汀格(L. Festinger)、斯坦利·沙赫特(S. Schachter)和库尔特·贝克(K. Back)曾经在 Westgate West 社区中调查了住户之间的友谊情况。他们要求住户列出社区中与自己最为要好的 3 个朋友,结果不出所料,65%的朋友们住在同一栋楼里,41%的人和自己隔壁的邻居成为朋友,22%的人和同一楼层的人成为朋友。除此之外,他们还发现,那些居住在楼梯或者邮筒附近的住户拥有更多的朋友。这是为什么呢?费斯汀格等指出,因为人们经常需要使用楼梯和邮筒,功能距离(人们生活轨迹相交的频率)的接近性

第八章 人际交往中的心理学

也在友谊的建立中发挥了关键作用。

为什么接近性会带来人际吸引？原因之一就是接近性让人与人之间的交往更加便利，加深了对彼此的了解。同时，对相互交往的预期也会引起我们对他人的喜欢，因此也就更容易建立良好的关系。除此之外，接近性让我们彼此更加熟悉，根据简单暴露效应，仅仅使人们暴露于某个事物中，就能够增加我们对它的正面情感。所以就像一个新剪的发型会越看越习惯一样，与一个人见面次数越多，我们对其产生的正面情感越多。

聊一聊

网络交友中的接近性与熟悉性

随着信息技术的发展，我们花在网络上的时间越来越多，在线上游戏、论坛讨论、兴趣群体、粉丝团体等的活动中，我们都不断地在与人交往，此时，接近性还能够起到促进人际吸引的作用吗？我们对一个人的熟悉程度呢？

网络打破了空间距离对交往的阻碍，此时人们还会看重对方的地理位置吗？调查结果显示，社交网站的用户并不太看重目标好友与自己在空间上的接近性，有大约一半的用户不在意对方目前所在的工作或学习单位。因此，在网络交友中，仅靠地理位置的邻近，并不会增加彼此的好感度。但熟悉性却依然发挥着作用。对于那些经常发帖或参加活动的活跃用户，我们总会报以更多的好感。此外，研究发现，个人信息的曝光程度越高，人们对他越是了解，也越愿意与之成为好友。

：小卡，如果你认识了两个新同学，一个和你相谈甚欢，你们交流了对很多事情的看法，发现彼此的观念非常相似；另一个和你很少有共同话题，只有礼貌客气的打招呼，你会更愿意和哪一个同学交朋友呢？

：虽然第二位同学可能也很友好，但我更喜欢第一个同学，他和我有共同的爱好和观点。

：那你知道这是为什么吗？一起向下看吧。

▶ 同声相应——人际吸引的相似性原则

"想要了解一个人，就去看看他的朋友"，因为彼此相似的人更容易成为朋友。你和身边的好朋友是不是也有很多相似的地方呢？你是否曾经感慨某个朋友简直是"世界上的另外一个我"？也许你们喜欢相同曲风的歌曲，热爱同一类型的影片，拥有某个共同的爱好，还有相似的价值观念和人生追求……毕竟，那些与我们相似的人对我们更具有吸引力，这就是人际吸引的相似性原则。

为了验证这一原则，科学家进行了这样一个实验：他们征集了16名大学被试，为其提供4个月的免费住宿，只是宿舍的分配要由研究者决定，并且这些大学生还要定期接受研究人员的访谈和测验。在分配宿舍之前，研究者考察了被试们对于一系列问题的态度，这些问题涉及经济、政治、审美、社会福利等各个方面，并对他们的价值观和人格特征进行了测试。根据测试的结果，研究者为他们安排了宿舍。在一些房间中，室友是彼此态度、价值观和人格特征相似的人，在另一些房间则安排了彼此观念不同的人。在这4个月内，研究人员定期对被试们就上述问题的看法进行测定，并让他们互相评价对室友的喜欢程度。结果发现，在刚刚认识的时候，空间距离决定了人们之间的相互吸引，但是随着时间的延长，人们更多地被与自己态度和价值观相似的人吸引。

物以类聚，人以群分，与朋友的相似性为我们带来满足感，而观点的不一致则会引起负性的态度。因为我们需要在自己与事物、自己与他人、他人与事物构成的关系中保持平衡，当我们与自己喜欢的人对事物的态度保持一致时，就会进入一种平衡的状态，而当我们与他人的观念不一致时，想要达到平衡，就需要我们改变与这个人的关系，或者改变自己对事物的态度。其结果就是，我们喜欢那些与自己相似的人。

第八章 人际交往中的心理学

聊一聊

"互补"的吸引力

你看过《还珠格格》吗？如果相似性带来吸引力，为什么温柔婉约、满腹诗书的晴儿那么喜欢活泼好动、成语都念不好的小燕子呢？似乎人们也倾向于喜欢与自己互补的人？那么想象一下当你心情烦躁、学业或工作压力很大时，一个处处表达与自己相反观点的人，会让你喜欢吗？事实上，互补性需要建立在相似的价值观和目标的基础上，晴儿喜欢小燕子，是因为她做了自己想做而不能做的事情，拥有自己所向往的自由和直率。我们能够被那些表面上看与我们反差很大的人吸引，正是因为他们拥有的某些特点满足了我们自己的理想和期待，从而增加了喜欢度。

：原来无意之中有这么多因素在影响着我们的人际交往，很多时候我们的兴趣、爱好、性格、外貌都已经相对固定了，难道我们不能管理自己在别人心中形成的社会印象吗？

：当然可以，下面就让我来告诉大家一些印象管理的小策略。

➤ 让你的印象价值百万——印象管理

当我们拍照片的时候，总是希望呈现自己最好的状态，挑选合适的衣服，整理好自己的头发，也许还会化一点淡妆，然后管理好自己的表情和仪态。照片拍好之后，还要再花费一些时间挑选、修饰，力求最终的成品是最令人满意的。拍照尚且如此，在与人交往时，我们更加希望能够通过精心的准备，给他人留下完美的印象。而这种试图影响别人对自己形成某种印象的尝试，就是印象管理。

印象管理的首要策略就是自我表现，即通过努力扩大自己的优势，来增

加对他人的吸引力。比如穿着整洁、得体,就是自我表现中的外表美化。我们也可以通过用肯定的词语描述和介绍自己来进行自我表现。比如在面试时,不光要介绍自己的工作成果,还可以介绍自己是怎样克服困难的,如何巧妙地解决了问题,做了哪些应急准备,以及收获了怎样的成长经验。除此之外,我们还可以根据自己的需要和面对的对象调整自我表现的内容。比如,根据所处的情境,有侧重地展现自己在热情或者能力方面的特质。或者通过表现出与交往对象的相似性,如相似的经历、共同的爱好、对未来的规划等来拉近与对方的关系。只不过,如果发现对方对这种相似性表现出了反感,需要及时调整策略,与其保持恰当的距离。

另一个方法就是美化他人。人们喜欢喜欢自己的人,也喜欢让自己感到愉悦的人,因此,我们可以使用一些策略引发他人的积极情绪,从而提高自己的吸引力。其中最常用的一种策略就是赞美对方,包括赞扬他人的特质,恭维他人的成就,对他人发表的观点表示惊喜和赞同,及时地给予反馈等。此外,在美化他人时,要尽量保持真诚,每个人身上都有闪光点,当我们真诚地去理解、包容、尊重他人时,自然能够发自内心地赞美和鼓励。

聊一聊

印象管理与自我妨碍

有时,在印象管理的过程中,我们会使用一些特殊的自我表现策略,其中就包括自我妨碍。自我妨碍指给自己设置一定的导致失败的条件,这样当经历不可避免的失败时,就可以将其归因于外在障碍,而不是缺乏能力,也叫做自我设限。虽然自我妨碍为失败提供了借口,能够暂时地维护我们的自尊和形象,但是也让我们在工作开始之前就做好了失败的准备,甚至主动制造失败,让我们陷入糟糕的表现中。长此以往,将会损害我们对自己的信心和评价;同时,如果他人觉察到我们采用了自我妨碍的策略,也会更加降低对我们的评价。

你有没有无意识地使用过自我妨碍的策略呢?比如在重要的面试前熬夜,让自己没有精神;将困难的工作拖到最后,让自己没有充足的时间去准备;强调身体上的不舒服,为自己找托词……我们需要维护好自己的形象,也需要面对挑战的勇气。所以与其自我设限静待失败,不如尽力尝试收获成长,因为有时候努力比成功更重要。

第九章
生活处处有心理学

：牛博士,你给我们讲解了感觉、知觉、记忆的过程,解释了我们是怎样被老师、家长和自己影响的,还分析了我们形成对他人的印象和被他人吸引的过程。所以心理学就是要研究我们对自己的认识和人与人之间的影响,我说的对吗?

：小卡的总结能力真棒!你说的分别是个体内部的心理过程和社会交往中的心理过程,但是心理学关注的并不只有这些。心理学效应不仅存在于单个人的身上,当个体聚集成一个群体的时候,受到环境的影响,会产生一些用个体规律难以解释的行为和现象。有时这些行为反应能够帮助我们规避风险,但有时也会造成消极的后果。不过如果能够意识到他人对我们的影响,我们或许能够做出更加理性和正面的判断。

这一章我们就会向大家介绍一些常见的与群体行为有关的社会现象,并从心理学上做出分析和解释。

：小卡，如果一个人遭遇了紧急事件，是不是在场的人越多，伸出援手的人也越多呢？

：我不是很确定，有时候人们会齐心协力帮助有需要的人，也有时候人们又都会选择袖手旁观。

：确实如此，这是因为我们的行为反应会受到其他人态度的影响，如果没有人率先伸出援手，就会导致大多数人的沉默。让我们一起看一看造成这种沉默的原因吧。

➤ 他人在场让我们变得冷漠——旁观者效应

可能很多人都听过类似这样的事件：一个小孩子落水了，旁观者甲本想下水救人，又有些犹豫，他在想其他目击者乙、丙等人的反应。转念一想，这么多人都看到小孩子落水，总会有几位下去救险的，自己就不下去吧。犹豫之间，小孩子被水吞没了。居然没人下水！甲不禁心里有些内疚，再一想，要自责，要内疚，要负责任，也是和乙、丙等数十人分担，没什么大不了的。于是，他走开了。

类似的事件还有：公交车上小偷行窃，旁人看到了却无人提醒受害者；老人在大街上跌倒却没人愿意去把他扶起来……就这样，一桩桩旁观者众多却"见死不救"的事件不断见诸报端。在看到这些报道的时候，你是否觉得人性过于冷漠，不愿伸出手来帮助一下处于危机中的人们？下面，让我们来深刻剖析这"旁观者冷漠"后面的原因吧。

先来看一个真实的案例：

1964年3月14日凌晨3时20分,在美国纽约克尤公园某公寓前,一位叫朱诺比白的年轻女子在结束酒吧间的工作回家的路上遭到袭击,她绝望地喊叫:"有人要杀人啦！救命！救命!"听到喊叫声,附近的住户亮起了灯,打开了窗户,凶手吓跑了。当一切恢复平静后,凶手

又返回现场继续作案。当她又大声呼救时,附近的住户又打开了电灯,凶手又逃跑了。当她认为已经安全了,进入公寓上楼梯时,凶手又一次出现在她面前,将她杀死在楼梯上。在这个过程中,尽管她大声呼救,她的邻居中至少有38位到窗前观看,但无一人来救她,甚至无一人打电话报警。

这件凶杀案在当时引起极大的轰动,也引起了社会心理学研究者的重视和思考。两位年轻的心理学家约翰·巴利(J. Barley)和比博·拉塔内(B. Latane)对旁观者的无动于衷、见死不救做出了自己的解释。为了验证自己的解释和说明,他们进行了下面的实验:

他们让72名不知真相的参与者分别以一对一和四对一的方式与一个假扮的癫痫病患者利用对讲机通话。他们要研究的是:在交谈过程中,当那个假病人大呼救命时72名不知真相的参与者所做出的选择。事后的统计显示:在一对一通话的那些组,有85%的人冲出工作间去报告有人发病;而在有4个人同时听到假病人呼救的那些组,只有31%的人采取了行动！

因此,两位心理学家对克尤公园杀人案中没有人见义勇为的现象做出了令人信服的社会心理学解释,并概括为"旁观者效应"。旁观者效应也称为责任分散效应,是指对一个任务来说,如果是单个个体被要求单独完成任务,个体的责任感就会很强,倾向于做出积极的反应;但如果是要求一个群体共同完成任务,群体中的每个个体的责任感就会很弱,面对困难或需要承担责任时往往会退缩。

对于旁观者效应形成的原因,心理学家进行了大量的实验和调查,结果

发现:在不同的场合,人们的援助行为存在巨大的差异。当一个人遇到某种紧急情境时,如果当时只有他一个人能提供帮助,他会清醒地意识到自己的责任,对受难者给予帮助。如果他见死不救,会产生罪恶感、内疚感,这需要付出很高的心理代价。而如果有许多人在场的话,帮助求助者的责任就由大家来分担,造成责任分散,每个人分担的责任很少,旁观者甚至可能连他自己的那一份责任也意识不到,从而产生一种"我不去救,由别人去救"的心理,造成"集体冷漠"的局面。如何打破"旁观者效应"的魔咒,这也是心理学家要研究的一个重要课题。

聊一聊

"也许他并不需要帮助"——多元无知

我们曾看过这样的新闻:一名男性当街和一名女性争抢婴儿车中的孩子,周围有很多人围观,但却无人上前帮忙或者报警求助。诚然,责任分散造成了一部分人的退却,但在这类事件中,我们也听到过这样的声音——这是别人的家务事。人贩子恰恰利用了人们的这种心理来实施犯罪。

当我们无法判断一个事件是否紧急时,就会通过观察其他人的态度来定义情境并做出反应。如果其他人忽视了正在发生的事情,或者表现得像什么都没有发生过(即使他们内心也很关心这件事),我们也可能认为并没有发生紧急情况。这就是"多元无知"。当两个人当街拉扯一个孩子,或者男性与女性发生纠纷时,人们无法判断这是家庭内部的争吵,还是一件正在实施中的犯罪,此时,如果大部分人都保持沉默,那么其他人也会判断这并不是一件需要帮助的紧急事件,从而表现出旁观者效应。

:小卡,你有去网红餐厅或者网红景点打过卡吗?

:去过去过,去的时候觉得既然大家都说好,应该不会错,但是有的地

方自己去了才知道有多让人失望,感觉像是被骗了。

:这就是商家巧妙地利用了人们的心理采取的营销手段啊。

盲目随大流凑热闹——从众

心理学家阿希曾进行过一项有关线段知觉的实验:

实验任务是向被试呈现线段材料,让他们判断线段的长短。被试7人一组,其中6人是实验助手(即假被试),第7个人才是真正的被试。实验中要求被试在每呈现一套卡片时,判断a、b、c三条线段哪一条与标准线段x等长(a、b、c长度不等,只有一条与x等长)。实验开始后的前6次判断中大家都做出了正确的选择。从第7次开始,假被试(助手)故意做出错误的选择,实验者开始观察真被试的选择是独立还是从众。

结果发现:当6个假被试把完全不等长的线段a与x判断为相等时,刚开始几次,真被试还能坚持自己的观点;由于6名假被试对于自己的判断态度坚定,在经历多次这样的情况后,久而久之有的真被试开始动摇了,怀疑自己的判断是否是正确的,最后跟随假被试把完全不等长的线段a与x判断为相等。

这就是著名的阿希从众实验。那么真被试出现从众行为的原因何在:

一般说来,个体的行为,通常具有跟从群体的倾向。而且人们倾向于认为多数人的意见就是正确的。当他发现自己的行为和意见与群体不一致,或与群体中大多数人有分歧时,会感受到一种压力,这促使他趋向于与群体一致,这种现象叫做从众行为。上述实验中,真被试为了保持和众人的一致性,把完全不相等的两条线段判断成等长的,就是明显的从众行为。

想想看你有没有经历过类似的事情:大街上有两个人在吵架,这本不是什么大事,结果,围观的人越来越多,最后连交通也堵塞了。后面的人停了脚步,也抬头向人群里观望,于是围观群众形成一层又一层的人墙……

美国人詹姆斯·瑟伯有一段十分传神有趣的文字描述了一个类似的现象:

突然,一个人跑了起来。也许是他猛然想起了与情人的约会,现在已经过时很久了。不管他想些什么吧,反正他在大街上跑了起来,向东跑去。另一个人也跑了起来,这可能是个兴致勃勃的报童。第三个人,一个有急事的胖胖的绅士,也小跑起来……十分钟之内,这条大街上所有的人都跑了起来。嘈杂的声音逐渐清晰了,可以听清"大堤"这个词。"决堤了!"这充满恐怖的声音,可能是电车上一位老妇人喊的,或许是一个交通警察说的,也可能是一个男孩子说的。没有人知道是谁说的,也没有人知道真正发生了什么事。但是两千多人都突然奔逃起来。"向东!"人群喊叫了起来。东边远离大河,东边安全。"向东去!向东去!"

这些都是生活中典型的"从众"现象。从众行为表现在方方面面,工作中、生活中、学习中。比如领导意见本是错误的,有些员工由于惧怕提出反对意见会对自己今后不利,而违心地投了赞成票,结果后面的人都跟着投了赞成票;许多商家利用人们的从众心理,把自己的商品炒热,从而达到目的。我们了解了人的从众心理,在面对众人的压力时能够客观分析自己所处的情况,对于自己独立判断和做决定是非常有意义的。

第九章 生活处处有心理学

聊一聊

哪一种劝说最有效？

随着人类行为对自然环境的影响日益突显,如何节约能源、减少碳排放量受到了越来越多的关注。在夏天,如果多使用电风扇来代替空调,将能够节约大量的电能,你认为下面哪种劝说方式能够起到更好的效果?

(1)直接呈现想要传递的信息:用电风扇而不是空调,能够更好地节能。(2)通过强调自我利益传递信息:用电风扇代替空调,每月可以节约54元电费。(3)通过强调环境传递信息:用电风扇代替空调,每月可以少排放120公斤温室气体。(4)通过强调社会责任传递信息:用电风扇代替空调,每月可以减少29%的用电量。(5)通过强调他人的行为传递信息:本小区中77%的住户都选择用电风扇代替空调。

研究者使用上述5种劝说方式,分别向不同的住户进行了节能的宣传,结果发现,接受第5种宣传的家庭耗电量最少。可见,从众心理存在于生活的各个方面,并对人们的行为产生了巨大的影响。

:小卡,你在生活中有没有遇见过这样的现象——某个很小的事情却管理得很严格。

:有的,学校的卫生检查就很严格,一点纸屑也不能有。

:那你知道是为什么吗?

:这个我有经验,如果一开始就没有打扫干净的话,地面就会脏得很快。

写给中学生的心理学(第二版)

：没错，这就是"破窗效应"的表现。

➤ 不威小，不惩大——破窗效应

我们在日常生活中经常有这样的体会：敞开的大门、桌上放置的财物，可能会使得本来无贪念的人心生贪念；对于一些违反程序或原则、规定的行为，有关部门和组织没有进行严肃处理，没有引起员工的重视，从而使类似行为再次甚至多次重复发生；一面墙上如果出现一些涂鸦没有清洗掉，很快墙上就布满了乱七八糟、不堪入目的东西；而在一个很干净的地方，人们会很不好意思乱扔垃圾，但是一旦地上有垃圾出现，人们就会毫不犹豫地随地乱扔垃圾，等等。这就是"破窗效应"的表现。

所谓"破窗效应"，是关于环境对人们心理造成暗示性或诱导性影响的一种认识。破窗效应萌芽于美国斯坦福大学心理学家菲利普·津巴多(P. Zimbardo)在1969年进行的一项实验：他找来两辆一模一样的汽车，把其中的一辆停在加州帕洛阿尔托的中产阶级社区，而另一辆停在相对杂乱的纽约布朗

克斯区。停在布朗克斯的那辆,他把车牌摘掉,把顶棚打开,结果车当天就被偷走了。而放在帕洛阿尔托的那一辆,一个星期也无人理睬。后来,津巴多用锤子把那辆车的玻璃敲了个大洞。结果,仅仅过了几个小时,它就不见了。

以这项实验为基础,政治学家威尔逊(J. Wilson)和犯罪学家凯琳(G. Kelling)提出了"破窗效应"理论,认为:如果有人打坏窗户玻璃,而又得不到及时的制止,别人就可能去打烂更多的窗户。久而久之,这些破窗户就给人造成一种无序的感觉。结果在这种公众麻木不仁的氛围中,犯罪就会滋生、猖獗。

破窗效应在遏制违法犯罪行为方面曾取得了非常有用的效果。纽约的地铁被认为是"可以为所欲为、无法无天的场所",针对纽约地铁犯罪率的飙升,交通局长布拉顿以"破窗理论"为师,号召所有的交警认真推进有关"生活质量"的法律,虽然地铁站的重大刑事案件不断增加,他却全力打击逃票行为。结果发现,每7名逃票者中,就有1名是通缉犯;每20名逃票者中,就有1名携带凶器。最后显示,从抓逃票开始,地铁站的犯罪率竟然下降了,治安大幅好转。他的做法显示出,小奸小恶正是暴力犯罪的温床。他针对这些看似微小却有象征意义的违章行为大力整顿,结果却大大减少了刑事犯罪。

破窗效应给我们这样的启示:我们必须高度警觉那些看起来是偶然的、个别的、轻微的"过错",如果对这种行为不闻不问、熟视无睹、反应迟钝或纠正不力,就会纵容更多的人"去打烂更多的窗户玻璃"。任何一种不良现象的存在都可能造成无序的感觉,应该从细微之处着手以防止大的失误,杜绝"千里之堤,溃于蚁穴"的恶果上演。

聊一聊

警惕自己身上的破窗效应

你是否抱怨过,就算房间乱一点,东西也依然能够找到,为什么妈妈要为此而唠叨?这是因为妈妈担心你从乱放东西开始,放松对自己的要求,导致在做其他事情时也缺乏条理。事实上,不仅环境中他人的行为能够引起破窗效应,我们自己过往的行为也同样会产生相似的影响。当我们发现自己的一些破坏规则的行为没有被及时制止,就会觉得犯一些小错误没有关系,从而在违规的边缘不断试探。这就是为什么要"勿以恶小而为之,勿以善小而不为"。

你是否有过这样的经验：刚开始下定决心要培养健康饮食习惯的时候往往能做得很好，一段时间后觉得坚持这么久了，只吃一块炸鸡不会有太大的影响，结果鸡块成为打破窗户的石子，冰激凌、奶茶和甜品让破洞越来越大，最后饮食管理以失败告终。因此，如果想要坚持一件事情，不仅需要制订一个明确的计划，还要提醒自己不要轻易寻找借口、打破规则，才能避免计划无疾而终。

:牛博士:当开车行驶在早、晚高峰的高架桥上，特别是当道路出现拥堵的时候，如果前面的车开得很慢，或者被其他的车加塞了，人们常常会抱怨：车开得这么差，一定是女司机！小卡你觉得有道理吗？

:小卡:当然没有道理，一个人车开得好不好与他的性别没有关系，而且有数据表明，女司机的事故率更低。

:牛博士:但是人们还是会给女司机贴上"车技差"的标签，这就是我们下面要介绍的刻板印象。

➤ 想当然的自动加工——刻板印象

请再看这样一个问题：一位公安局局长在路边同一位老人谈话，这时跑过来一个小孩，急促地对公安局局长说："你爸爸和我爸爸吵起来了！"老人问："这孩子是你什么人？"公安局局长说："是我儿子。"请你回答：这两个吵架的人和公安局局长是什么关系？

这一问题，100名被试中只有两人答对！后来对一家三口问这个问题，父母没答对，孩子却很快答了出来："局长是个女的，吵架的一个是局长的丈夫，即孩子的爸爸；另一个是局长的爸爸，即孩子的外公。"为什么那么多成年人

第九章 生活处处有心理学

却回答不了这么简单的问题呢？这就是刻板印象：人们对某一类人或事物产生的比较固定、概括而笼统的看法。这是我们在认识他人时经常出现的一种相当普遍的现象，它既可能是人们根据自己的经验形成的，也可能是基于他人的介绍、描述等方式习得的。公安局局长应该是男性，从这一刻板印象出发，自然得不出正确答案；而小孩子没有这方面的经验，也就不受刻板印象的限制，因此，一下子就说出了正确答案。

我们经常听人说的"长沙妹子不可交，面如桃花心似刀"、东北姑娘"宁可饿着，也要靓着"，实际上都是"刻板印象"。刻板印象的形成，主要是由于我们在人际交往过程中没有时间和精力去和某个群体中的每一位成员都进行深入的交往，而只能与其中的一部分成员交往，因此，我们只能"由部分推知全部"，由我们所接触到的部分，去推知这个群体的"全体"。通过这种方式，我们可以简化认知加工过程，迅速地形成判断。但是，刻板印象有消极的一面：刻板印象一经形成，就很难改变，无论这种印象是否准确。因此，在日常生活和工作中，一定要考虑到刻板印象的影响，例如，市场调查公司在招聘入户调查的访员时，最好选择女性，因为在人们心目中，女性一般来说比较善良、较少攻击性、力量也比较弱，因而入户访问对主人的威胁较小；而男性，尤其是身强力壮的男性如果要求登门访问，则很容易被拒绝，因为他们更容易使人联想到一系列与暴力、攻击有关的事件，引起人们的防范心理。

中国有句古话，"物以类聚，人以群分"，居住在同一个地区、从事同一种职业、属于同一个种族的人总会有一些共同的特征，因此，刻板印象一般说来还是有一定的道理。但是，"人心不同，各如其面"，刻板印象毕竟只是一种概括而笼统的看法，并不能代替活生生的个体，因而"以偏概全"的错误总是在所难免。如果不明白这一点，在与人交往时，"唯刻板印象是瞻"，像"削足适履"的郑人，宁可相信作为"尺寸"的刻板印象，也不相信自己的切身经验，就会犯错误，导致人际交往的失败。

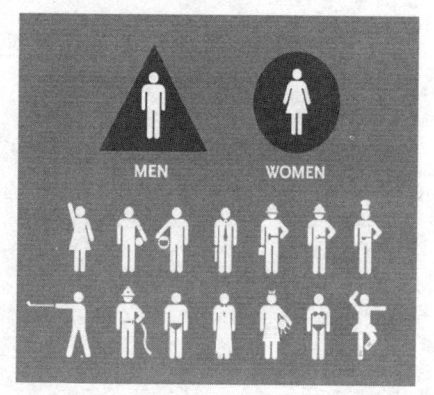

聊一聊

刻板印象威胁

刻板印象不仅会让我们在人际交往时因预设的观点而失去准确的判断，也会对承受刻板印象的人产生影响。在社会生活中，人们会对某个群体形成消极的刻板印象，在特定的情境中，这个群体的成员会担心自己将受到这种消极的评判或对待，也会担心自己真的表现不佳强化了这种刻板印象，这就是刻板印象威胁。刻板印象威胁会进一步影响人们的行为表现。例如，人们存在"女司机开不好车"的刻板印象，受此影响，在车流拥挤的马路上，女司机会更容易担心自己起步不够快、开车不够灵活、被人鸣笛催促或吐槽，这种担忧会提高生理唤醒水平，导致心跳加快、手心出汗，进而影响自己的判断和操作。

刻板印象在简化思维加工的过程、节省资源的同时，也容易对他人造成伤害。或许在面对受刻板印象威胁影响的群体成员时，我们可以更加耐心地检视自己的言行，以更为公正的方式对待他人，建立更加和谐的人际关系。

❓ 考考你：

1. 当你遇到困难需要求救的时候，应该采取哪些方法避免"旁观者的冷漠"？

2. 你是否曾经"从众"？身处群体之中，如何在做决策时克服"从众"心理？

第十章
无处不被心理学

:小卡,看视频的时候,你最怕被什么打断?

:当然是广告,不论是电视直播还是视频网站,都少不了广告的插入。

:是的,现代社会,广告几乎无处不在。走在大街小巷,各种广告牌和灯箱充斥着我们的视野;打开电视,每过十几分钟就会看到"不要走开,马上回来,广告之后更精彩";打开手机客户端,一个个开屏广告首先铺满了屏幕。广告信息如此纷繁,要如何才能吸引消费者的眼球?怎样才能给消费者留下深刻的印象并促成他们的购买行为?这是广告商们非常关心的问题,也是广告心理学所要研究的问题。

:牛博士,心理学真奇妙。有很多规律,当你告诉我的时候,我会有"就是这样!"的感觉,熟悉又亲切。当分析到现象背后的原理时,我又会产生"原来是这样!"的感叹,感受到心理学的魅力。

: 看到小卡喜欢心理学我也很开心。心理学所研究的正是人的心理现象和行为规律，所以我们会发现心理学的很多知识和理论是与我们的经验相吻合的。同时心理学又是一门科学，所以它能够为我们揭示现象背后的原因和更深层次的规律。灵活地运用这些知识不仅能够增强我们的自我觉察能力，还能够加深我们对生活的理解和认识。下面让我们一起到生活中寻找那些无处不在的心理学规律吧。

➤ 广告渗透你的生活——广告心理学

相信大家一定都记得一个广告——"今年过节不收礼，收礼只收脑白金"。由于脑白金广告在电视节目里面高密度的重复曝光，有许多消费者感到厌烦、表示厌恶。你一定想问，这样过度地投放广告不仅花费巨大而且引起人们的排斥心理，损害了脑白金在消费者眼中的形象，脑白金的生产商怎么会干这种傻事？

你可能觉得过多的宣传会导致负面的效果，但是你不知道的一点是，广告信息只要被人看见了，就足以让人们改变自己的判断。一位美国学者早在50多年前就提出了"广告的直接暴露效果"。在21世纪的今天这种效果依然存在且值得研究。

第十章 无处不被心理学

 **实验小揭秘**

罗伯特·扎因斯（R. Zajonc）的一项实验（1968），简洁清晰地说明了直接暴露对改变态度所起的效果。在实验中，给一些被试呈现一系列的脸部照片，每张照片重复出现的次数按1、2、5、10或25次随机分配。之后，被试要对呈现过的每一张照片进行评估，被评估的照片有的是前面出现过的，有的是一些新的照片。实验结果显示：被试对陌生人脸部照片的接受程度随着暴露频率的增加而上升。

基于此次实验，扎因斯总结出了一个规律：密集暴露更令人容易接受。陌生人的脸，我们看见的次数越多就越容易接受。这就是频率暴露作用，也叫直接暴露作用。之后有人形象地揭示了广告的次数和消费者反应之间的联系——

第一次广告出现——消费者没注意；

第二次广告出现——"又一个新牌子。"

第三次广告出现——"它到底有什么好？"

第四次广告出现——"让我再仔细看看。"

第五次广告出现——"有道理。"

第六次广告出现——"我有点心动了。"

第七次广告出现——"我真应该有一个。"

第八次广告出现——"明天得去买个试试。"

直接暴露策略揭示了这样一个心理学原理：人们在评价事物的过程中，价值判断并不仅仅与事物的内在性质相关，人们对它的熟悉程度也有助于好感度的增加，多次重复、多次刺激都可以增强这种效果。现在，你能明白脑白金广告为什么要播放得如此频繁了吧？

聊一聊

植入广告：潜移默化中发挥作用

一些广告通过反复多次的直接暴露增加人们对产品的好感，也有一些广告更加委婉，将产品或服务融入影视作品中，以植入广告的形式，在潜移默化

中增强产品的吸引力。

2004年年末,一部《天下无贼》红遍了大江南北,人们对这部电影的情节和演员的演技津津乐道的同时,也对导演在电影中添加软广告的功夫十分佩服。在电影中,2号女主角在第一次出场时脖子上就挂着佳能最新款的DV,而这个品牌的DV也成为男女主角在第一场戏中的道具。同时,诺基亚手机、中国移动的标志、HP笔记本电脑更是闪现在不同的场景中。观众在看电影的时候并不会对这些产品的信息进行复杂的加工,但在潜意识中已经受到了这些信息的影响。通过与电影情节、人物角色建立联系,这些广告诱发了很多人们没有注意到的、同类产品广告中没有说出来的消费者的潜在需求。而在大多数的情况下,正是这些朦胧的欲望而非显性的需要,决定了人们的购买行为。

:牛博士,大部分餐厅都会播放背景音乐,这些音乐风格各异,有流行前卫的、有悠扬舒缓的,还有带有年代印记的,是为了让环境不至于单调吗?

:小卡,这主要是为了烘托餐厅的氛围和改善顾客的用餐体验,至于这种影响是如何发生的,我们一起往下看吧。

➢ 音乐风格影响消费行为——音乐心理学

现在各个商业场所和公共场合都会放一些音乐来烘托气氛。但是仅仅播放音乐是不够的,选择何种音乐、如何让音乐与环境相契合是环境心理学和消费心理学十分关心的问题。因为音乐看似是环境中微不足道的一部分,却对特定情境下消费者的消费行为有十分重要的影响。我们先来看一个小实验。

第十章 无处不被心理学

 **实验小揭秘**

North 和 Hargreaves 在英国一所大学校园的餐厅里进行的一项实验，分析了不同音乐风格对消费者行为的影响。实验设置了 4 种具体条件：没有音乐、简单音乐、古典音乐、流行音乐，每种情境各持续 90 分钟。被试分别在各种情境中围桌而坐，实验人员请他们利用一张含有 20 个等级梯度形容词的清单给餐厅打分（令人愉快的、

受人喜爱的……），然后让他们列出自己所能接受的餐厅内各种产品（如三明治、汉堡、沙拉等）的最高价格；同时将这段时间内出售的产品记账，以便进行测试前后的对比。

结果发现，在没有音乐和简单音乐条件下餐厅的销量最低，并且顾客可以接受的食物价格也更低。而古典音乐和流行音乐的条件则对销售有积极的影响，餐厅销量显著提高，并且顾客可接受的食物价格也提高了。这个实验充分说明了音乐风格对商品销售的影响，以及对顾客购买商品时心理定价的影响。当播放流行音乐时，顾客认为这家餐厅是令人愉快的，播放古典音乐时则变得精致而感性了，不放音乐显得过于单调，播放简单音乐又落了俗套。因此，对于商家而言，选择何种音乐风格，对于引导消费者的行为有很重要的意义。

聊一聊

驾车时可以听音乐吗？

在生活中，我们最常将音乐作为活动背景的场合，可能就是用餐和驾车时了，特别是在高速公路上长途驾驶时，人们经常播放音乐来驱赶旅途中的单调和疲惫。我们知道，接打电话是不利于安全驾驶的，那么驾车时适合听音乐吗？

有人认为，听音乐可以舒缓心情，缓解行车中的疲劳；也有人认为高响度、快节奏的音乐和音乐中描述的情感、故事会分散驾驶员对道路的注意，损

害他们发现危险的能力和反应速度。所以，听音乐对驾驶安全的影响并不能一概而论，它取决于道路情境和驾驶员的状态。对于经验丰富的驾驶员，当路况简单、平稳时，会出现工作负荷不足的状态，即他们会因为工作单调而感到疲惫、走神、警觉性降低，此时简单、适宜的音乐可以帮助他们维持清醒，保持良好的状态。不止如此，相比于对话，音乐不需要人们认真思考和做出回答，所以驾驶员也可以比较容易地控制自己，将注意力从音乐转移到道路上，抑制音乐造成的分心。这也是驾车时不能接听电话却可以适当听些音乐的原因。但是要注意，音乐并不能长时间缓解由睡眠不足而造成的疲惫。而对于新手来说，简单的路况中他们已经处于最佳状态了，最好不要再打开音乐来分散注意。当路况复杂、需要驾驶员注意力高度集中，或驾驶员睡眠不足时，驾驶员会处于负荷超载的工作状态，此时音乐声会占用有限的认知资源，让驾驶员更容易出错。所以，我们会看到，当遇到人流拥挤、堵车或排队进入匝道的情况时，驾驶员会将音乐声调小或者关闭。

：小卡，你还记得感觉和知觉的区别吗？

：记得，感觉受感受器官生理特性和外界刺激物理特性的影响，知觉则受到个人经验的影响。

：没错，知觉是人们对客观事物整体属性的反映，会受到主观因素的影响，并不能做到完全的客观和准确，所以人们常常会被自己的知觉"欺骗"。这种情况也发生在人们对于价格的知觉上，企业和商家经常会利用其中的心理规律，影响消费者的购买行为。

➤ 到处以"9"结尾的标价——消费心理学

在日常生活中，当你走进超市、大卖场，总能看到一些商品的价格显示为

"9"。有研究表明,60%—90%的商品和服务价格都是以"9"来结尾的。低价的商品是这样,甚至电器、汽车这些高档商品也这样定价。你是否会有疑问,以9结尾的标价真的对消费者的购买行为有影响力吗?如果答案是肯定的,那么这种影响是如何起作用的?

 实验小揭秘

Schindler 和 Warren 进行过一项关于价格的小实验,让学生们从推荐的菜肴中自行挑选,组成套餐,推荐项有饮料、前菜、主菜和汤。每一类的推荐项有2—28项不等。在价格清单上,有以整数结尾的(30美元),有以9结尾的(29.9美元),或是以9以外的零头结尾的(20.25美元、20.5美元)。每个学生花一分钟时间作选择,然后回答一份问卷来测算价格在选择过程中的重要性和对于选择难度的影响,最后让学生们来回忆自己所选的菜单中每道菜的价钱。

结果显示:被选最多的菜肴是标价以"9"结尾的那些。而在解释选择原因的时候,学生们完全记不住价格,价格因素也没被提及。研究者还发现,结尾为9的标价,被学生们大大地低估了:一道标价为5.99美元的菜,学生记成了5.00美元;而6.00美元的菜则被顾客记成6.00美元或是6.25美元。

从以上实验可以看到,以9结尾的价格确实影响到了消费者对信息的解读和对商品的选择。尽管消费者在自我报告时并未意识到价格对自己的影响,但是这种效应依然存在。

或许在生活中你还会发现,在减价促销的广告中,旧的价格常写在新的价格旁边并被划去。通常,划去的价格(原价)通常是个整数,而新价格通常是以"9"结尾的。

这样的操作有效吗?人们对于降价的感知是否因此而改变?鉴于此,研究者对商品减价促销中的定价进行了小实验。实验材料分两组,一组是降价后仍然是整数的价格;另一组是降价后以9结尾的价格。向两组被试以幻灯

片的形式分别呈现其中一种标价方式,接着让被试回忆商品打折的折扣大概是多少。

以一款价格为 13 元的毛巾为例,设置两种标价方式:

原价:13.00 元　　　　　　原价:13.00 元
现价:11.00 元　　　　　　现价:10.99 元

结果显示,以 9 结尾的新价格会让被试更强烈地感觉到打折的幅度。也就是说,商品价格从 13.00 元降至 10.99 元,比起从 13.00 元降到 11.00 元,对消费者的影响更大。然而,客观来说,实际上的区别是微不足道的,但是从整数结尾的价格降到以小数点后的 9 结尾的价格,消费者对折扣的体验却更加强烈。

所以说,商家以 9 结尾的定价策略不是毫无道理的。这种定价策略确实影响到了消费者的判断和选择。商品的价格以 9 结尾的时候,人们回想起来就容易低估它的价格。人们会认为这些商品更加便宜,因此就乐于购买了。

聊一聊

消费行为中的锚定效应

如果在一个炎热的夏天里,你从旅游景区出来,又热又渴,想尝一尝路边水果店里的水蜜桃。店主告诉你,按照大小和品质的不同,这些水蜜桃分为 8 元/斤、25 元/斤和 40 元/斤,此时你是不是更倾向于选择 25 元/斤的桃子?可是如果店铺中只有 8 元/斤和 25 元/斤两种桃子,你还会选 25 元的吗?这就是商家在定价时常用到的锚定效应:当需要对某一事件做出评价时,人们会将某些特定数值作为起始值,起始值就像船锚一样制约着估测值。当以 40 元/斤的水蜜桃为锚时,25 元/斤的价格就显得不那么高了。在生活中经常会遇到类似的现象。我们会看到每一家星巴克的吧台旁都会摆放一瓶瓶的依云矿泉水,并被贴心地附上标价 22 元。如果一瓶水都要 22 元,那么 30—40 元的咖啡是不是也就没那么难以接受了?

:小卡,你能够说出 3 天前班主任老师衣服的颜色和样式吗?

：这个……可能是常穿的那件白色西装，又好像是另一件灰色外套，我记不清楚了。

：记忆和遗忘如影随形，像是硬币的两面，那些无意间发生的事情，常常被我们忽略和遗忘。但是在悬疑类影视作品中，当案件进入到最为紧张的时刻，常会出现关键性的证人，他们提供的细节信息使主角豁然开朗。那么在实际的生活中，证人是否也能够发挥如此强大的作用，他们是否也会遗忘，是否会出现记忆的偏差？

➢ 为什么证词不一定可靠——记忆偏差

在一则新闻中，一名美国青年因被指控强奸而入狱，直至 11 年后基因检测的结果为他洗清了冤屈，而造成误判的原因之一是，证人在辨认罪犯时认错了人。这样的事件并非个案，证人证言既是常见的证据，又容易受到各种因素的干扰，因此证人的错误记忆现象一直受到心理学家和法律工作者的关注。

那么要如何判断证言的可靠性呢？是不是证人越自信，记忆就越准确呢？心理学家通过实验对此进行了考察。第一天，研究者们请被试观看一段女孩被绑架的案件录像。第二天，他们请被试回答一些与录像有关的问题，并说出自己对答案的信心程度，然后再请他们完成一些再认任务。之后，使用同样的方法，将案件录像换成百科全书和通俗读物中选出的知识，再次考察被试的回忆、信心程度和再认效果。结果显示，在对一般知识的回忆中，回忆的准确性与信心呈正比；但对案件信息的回忆却与此不同，对自己的答案充满信心的人，并没有比其他人表现得更好。这意味着，即使证人主观的配合度很高，我们仍然无法保证证词的准确性。

事实上，记忆的存储是一个动态过程，在这一过程中一些已有的经验会发生变化，我们会对信息进行重构，让故事看起来更加符合人们的常识。有

研究者请被试观看撞车事故的录像,并请他们估计汽车的速度。对于第一组被试,研究者提问的方式是:当两车相撞时,汽车的时速大约是多少?对于第二组被试,则问他们"当两车撞毁时,汽车的时速大约是多少?"对第三组被试不提这类问题。一周之后,请被试回答在上次的录像中他们是否看到了撞碎的玻璃。统计结果显示,在第一次提问中,第二组被试对车速的估计为66千米/小时,第一组仅为55千米/小时;在第二次提问中,第一组中14%的被试报告看到了碎玻璃,第二组为32%,第三组为12%。可见,对事件理解的不同,会影响人们的知觉和对信息的重组,而他们自己并不会意识到这个过程。

聊一聊

共同目击者的错误记忆

一个事件可能拥有多个目击者,既然在单独报告中错误记忆会影响证言的准确性,那么如果让目击者们相互讨论,能不能带来更好的效果呢?研究者发现,在共同回忆的条件下,目击者的描述更加完整,细节更加精确;但在证言的错误率上,共同回忆与单独回忆并没有差别。其中的一个原因是,在讨论的过程中,人们倾向于与他人保持一致,因此一个人的错误判断也会对其他人产生影响。同时,受到错误判断中信息的诱导,人们原本的记忆也可能会发生改变。

:2020年新冠肺炎的爆发对人们的工作、学习和生活产生了深远的影响。最初,面对一种未知的病毒,人们难免会感到紧张和担忧,甚至有一些焦虑和恐慌。

:是的,博士,由于大家对病毒不够了解,所以还有一些流言传出来,最后都被证明是假的。

：那么，小卡，你想不想知道流言是怎么形成的？让我们一起来看一看吧。

▶ 拷贝会走样——流言

2011年，日本福岛核电站发生了放射性物质的泄露，虽然根据以往的经验，即使是极为严重的核泄漏，对1000千米以外地区居民健康的危害也是不明确或者轻微的，且气象专家和核安全专家都认为，日本的核泄漏暂时不会对中国产生影响，然而这一事件仍然引起了中国民众的不安。"含碘物品可以预防核辐射""以后的海盐都被污染了，不能吃"，类似的流言迅速传播开来，引起了一场"抢盐风波"。在此期间，部分超市的食盐脱销，一部分商贩趁机哄抬价格。有的人囤积了40千克的碘盐，可供单人食用22年。而事实上，如果想要通过摄入食盐中的碘达到防辐射的目的，每天至少要吃3千克，可见"碘盐防辐射"是多么不靠谱。

流言并不仅仅出现在公共安全事件后，我们在日常生活中也经常接收甚至在无意中传播了流言。为了研究流言是如何形成的，科学家们进行了这样一项实验：他们在观众中挑出了6—7个人作为被试，请这些人离开房间，随后向观众展现一组幻灯片。观看结束，研究者先请第一名被试到房间，将他安排到一个看不见屏幕的位置，由一名随机选定的观众向他描述幻灯片上的20个细节。之后第二名被试进入房间，挨着第一名被试坐下，听他复述自己所听到的内容。按照这样的规则，被试依次进入房间，并将听到的内容向下一名传递。到最后一次传递时，被试描述的内容已经与原始的内容相去甚远，所描述的细节也只剩下了5个左右。流言的产生也与此类似。

流言指找不出任何信得过的确切依据却在人们之间相互传播的一种特定的消息。由于人们会按照自己的理解重构记忆，所以信息在传递的过程中会不断发生变化，到最后已经与初始的内容相去甚远，即导致了事实的"歪曲"。与最初的事实相比，流言涉及了以下三种过程：首先，流言中省略了大量的重要细节，是对真实内容的简化。例如在考察"碘盐防辐射"谣言的知识

源头时,我们会发现,在"稳定碘片可以在含放射性碘同位素的烟云中对甲状腺起到保护作用,食盐中含有微量的碘"这条知识中,关于稳定碘片的信息被省略。其次,当损失部分细节后,留下的内容又发生了强化,如"食盐中含有碘"。最后,简化和强化只有在与流言传播者过去的经验或现在的态度一致的情况下才会发生,即流言是被个人同化了的。并且事实真相越是模糊,涉及的问题越为人们所关注,人们也就越容易相信流言。人们对核辐射的关注,和大部分人对"碘盐能够预防核辐射"的推崇,让这一流言越传越广,越来越"真"。

下一次,当我们听到一些略显离奇的消息时,不妨先停下来求证,再决定要不要相信。这样既能避免因流言而盲目行动,也能减少流言对其他人的伤害。

聊一聊

新冠肺炎疫情期间的流言

如果你仔细观察,就会发现在公共事件发生之后非常容易滋生流言。在抗击新冠肺炎疫情的过程中,人们都表现出了高度的配合,但是流言依然产生了。这是为什么呢?

奥尔波特(G. Allport)和波斯特曼(L. Postman)认为,在以下三种情况下,流言最容易产生和传播:首先是当客观情况模糊不清,正常信息传播不畅时。这是因为人们需要了解真实的信息,以维护内心的安全感,当真实的信息不够充足时,就容易出现和传播流言。如在疫情初期,由于缺少治疗经验,出现了以下**流言**:"喝高度酒/吸烟可以抵抗新冠病毒"。其次是当个体感到忧虑和不安时。如当人们知道乘同一部交通工具有传染新冠肺炎的风险时,会担心日常生活的其他方面中也存在传染的可能,于是出现了**流言**:"超市里的蔬菜和水果可能传播新冠病毒"。此外,当社会处于危机状态时,如地震、核泄漏之后,"非典"期间等。新冠疫情作为一起重大的突发性公共卫生事件,其所引起的紧张情绪,让流言更容易传播。然而无论何时,流言的传播对个人和社会都是有百害而无一利。越是在危机面前,我们越应该保持理智和镇定,让流言止于智者,维护内心的安稳和社会的安定。

第十章 无处不被心理学

? 考考你：

1. 列举几个你常见的广告，分析一下这些广告的效果如何？

2. 你和家人是否曾被以"9"结尾的标价吸引？你觉得该如何避免被这种效应影响？

3. 你知道为什么记忆会发生偏差吗？

4. 流言是如何形成的？要如何警惕流言的影响？

策划人语

记得2003年"未名·人文社会科学是什么"丛书获全国优秀青年读物一等奖不久,《中华读书报》总编辑庄建老师就曾同我商谈,建议做一套面向中学生的学科普及读物。此后,在两次全国青年读物研讨会开会期间,前中宣部出版局局长、现任中国出版工作者协会副主席的伍杰老师也曾跟我谈起为中学生做一套学科普及读物的意义,并希望以"未名·人文社会科学是什么"为基础,做得浅显一些,可读性强一些。尤其令我感动的是伍杰老师以70多岁的高龄,在百忙之中,抽出时间把整整三个文件袋的"未名·人文社会科学是什么"丛书的读者反馈信件一份不落地读完。此外,伍杰老师和景岩社长(中国青年出版社)在青年读物研讨会上旗帜鲜明地倡导青年读物应引导青年追求真、善、美,并指出青年读物应把普及文化知识,传播先进理念,为青年人成长、成才、成功提供优质的人文读物和科学读物当成自己的使命。在此,借"未名·中学生学科基础读物丛书"出版之机,对伍杰老师和景岩社长几年来的积极鼓励和大力支持表示衷心的感谢!同时,也衷心地感谢媒体朋友们多年来对我的支持与帮助。

2006年1月9日,在全国科学技术大会上,胡锦涛总书记曾经指出:"建设创新型国家是时代赋予我们的光荣使命,是我们这一代人必须承担的历史责任。"用15年的时间建设创新型国家,是党中央在全球化背景下为解决中国深层次经济问题、走持续发展经济之

路,提高我国国际竞争力而采取的重大战略决策。这一战略的具体落实有赖于创新机制的建立、创新精神的倡导以及创新文化的建设,而其中最重要的是创新型人才的培养。因此,北京大学经济学教授萧灼基认为:建设创新型国家应将人力资源作为第一资源,把教育当做建设创新型国家、创新性社会的关键,良好的教育体系不仅能培养出大量新科技领域的拔尖人才,也是提高全民族整体素质的必经之路,这就是建设创新型国家最重要的基础。

教育的根本目的在于使受教育者人格得以完善,即塑造学生的健康心理、健全人格和崇高理想,使每个孩子成为性情活泼、有合作意识、自强不息、富有爱心、有创造力、会生活的人。问题是我国目前的教育,重传授,轻方法;重分数,轻能力;重知识,轻智慧,造成学生缺乏创造能力,人格扭曲,过于看重所谓的名分,习惯于非理性攀比,形成过于自我的狭隘人格。功利教育培养出来的所谓"人才"进入社会后由于人文素质的欠缺,明显具有聪明而不高明、精明但缺乏智慧的特点,汲汲于名利而没有与真理为友的追求……这样的"人才"谈何创新!

出版从某种意义上讲属于大教育范畴,大学出版更应有社会承担。为了帮助中学生提高人文素质(创新的前提)、扩大知识面(创新的基础)、培养综合素质(创新的条件)、拓展思考能力(创新的保证),我们策划推出"未名·中学生学科基础读物丛书",内容涉及人文、社会科学和自然科学、技术科学等学科,以期在落实胡锦涛总书记提出的建设创新型国家的战略部署方面做出我们出版人应有的贡献。

杨书澜
于学思斋
2009.12